百科通识文库新近书目

古代亚述简史
澳大利亚概览
“垮掉派”简论
混沌理论
气候变化
当代小说
犯罪小说研究
地球系统科学
优生学简论
哈布斯堡帝国简史
好莱坞简史
莎士比亚喜剧简论
莎士比亚诗歌简论
莎士比亚悲剧简论
天气简话

百科通识文库

天气简话

[英] 斯托姆·邓洛普 著
舍其 译

外语教学与研究出版社
北京

京权图字：01-2022-5656

图书在版编目（CIP）数据

天气简话 /（英）斯托姆·邓洛普（Storm Dunlop）著；舍其译. -- 北京：外语教学与研究出版社，2023.1
（百科通识文库）
书名原文：Weather: A Very Short Introduction
ISBN 978-7-5213-4211-6

Ⅰ. ①天… Ⅱ. ①斯… ②舍… Ⅲ. ①天气－普及读物 Ⅳ. ①P44-49

中国版本图书馆 CIP 数据核字（2022）第 257809 号

地图审图号：GS（2022）5167 号　GS 京（2022）1607 号

出 版 人　王　芳
项目负责　姚　虹　周渝毅
责任编辑　李亚琦
责任校对　徐　宁
封面设计　泽　丹　覃一彪
版式设计　锋尚设计
出版发行　外语教学与研究出版社
社　　址　北京市西三环北路 19 号（100089）
网　　址　http://www.fltrp.com
印　　刷　三河市紫恒印装有限公司
开　　本　889×1194　1/32
印　　张　6.5
版　　次　2023 年 1 月第 1 版　2023 年 1 月第 1 次印刷
书　　号　ISBN 978-7-5213-4211-6
定　　价　30.00 元

购书咨询：（010）88819926　电子邮箱：club@fltrp.com
外研书店：https://waiyants.tmall.com
凡印刷、装订质量问题，请联系我社印制部
联系电话：（010）61207896　电子邮箱：zhijian@fltrp.com
凡侵权、盗版书籍线索，请联系我社法律事务部
举报电话：（010）88817519　电子邮箱：banquan@fltrp.com
物料号：342110001

目 录

图 目

前　言

归根结底，天气会影响地球上的每一个人，影响我们想做（或是希望去做）的所有事情，不论是和工作还是娱乐相关的事情。但地球的天气系统极其复杂，天气状况和事件也许会对“十万八千里以外”的地方造成影响。本书的目标是对发挥作用的某些天气机制进行解释，并说明特定地点的特定状况为何或是千变万化，或是长期以来不动如山。

有一句被人们认为出自马克·吐温——或者也可能是他的编辑——的名言，说的是：“我们期待的是气候，得到的是天气。”关于气候，本书仅简单提及：气候就是特定地区的长期天气状况，由纬度、与沿海地区的邻近度、海拔以及诸如此类的因素决定。在特定地区能成功实施的农业类型也主要取决于气候，影响因素包括整体气温、不同季节（包括旱季和雨季）的特性和时间，以及不同年份之间乃至更长时期内可能发生的变化。当然，实际出现的天气会极大地影响所有农业和园艺的成败。

对于至关重要的全球变暖和气候变化问题，本书同样只是一带而过。也许有人会说，绝大多数气象学家和气候学家都认为这两个问题确实存在，也一定正在发生，而且对这两个问题也都极为关注。但是，这些主题引发的更广泛的问题并不在此涉及。但也完全可以预料，全球变暖和气候变化会改变全球范围内的天气模式。本书涉及的正是那些将会和预料中的变化相伴的真实天气系统背后的机制。

第一章

大　气

大家如果曾经乘坐山区火车去欧洲最高的火车站，也就是位于瑞士阿尔卑斯山脉的少女峰山坳火车站（海拔3454米），那就应该见过一些毫无准备的游客，他们即使在仲夏明澈的阳光和湛蓝的天空下也冷得瑟瑟发抖，或是穿着高跟鞋在穿过冰川冰的隧道里踉踉跄跄。他们只不过忘了（或是从未认识到），所处的地方越高，环境就会变得越冷——至少在大气底层是这样。气温随海拔产生的变化叫作气温直减率，在大气底层，即对流层（大部分重要的天气现象都发生在这一“变化层”），气温直减率平均约为0.65 ℃/100米（见知识窗1）。如果这些游客是从因特拉肯[1]（海拔568米）开始他们的旅程，那么在他们登山的

1 因特拉肯位于瑞士少女峰脚下，是世界著名旅游城市。——译注，下同

过程中，气温会下降至少 19 ℃。

知识窗 1 温度与温差

为避免混淆，气象学家用“度”的符号（如 20 ℃）表示实际温度，用缩写 deg.（如 5 deg. C）表示温差[1]。请注意，温度有时也用开尔文表示。开尔文温标以第一代开尔文男爵威廉·汤姆森（William Thomson, 1st Baron Kelvin，1824—1907）命名，这位物理学家率先确定了创立绝对温标的必要性。绝对温标从绝对零度开始度量，在该温度（–273.16 ℃）下，所有的分子运动都停止了。开尔文是热量单位，因此用开尔文温标表示的温度（如 273 K）不采用“度”的符号。

温度随海拔变化

为什么一般来讲温度会随着高度下降？这完全与气压有关（见知识窗 2）。法国数学家和哲学家布莱兹·帕斯卡（Blaise Pascal，1623—1662）率先证明，大气压随高度下降。这一想法最早是由伽利略（Galileo Galilei,

1 中文未作区分，无论实际温度还是温差均用摄氏度（℃）表示。

1564—1642）的学生、气压计的发明者埃万杰利斯塔·托里拆利（Evangelista Torricelli，1608—1647）提出的。伽利略自己设计过一个感温器，它是真温度计的前身，但会受到大气压波动的影响，因此托里拆利设计了一个仪器来精确测定气压。1648 年，帕斯卡和其他人说服自己的姐夫弗洛兰·佩里耶（Florin Périer）带着气压计的零件和一定量的水银登上多姆山顶（海拔 1485 米），测量了上山和下山过程中的气压，并与留在山脚的一个气压计的读数进行了比较。结果证明，气压随高度下降。帕斯卡自己接着又将气压计带到巴黎一座 50 米高的教堂钟楼顶部，得到了一样的结果（不过变化值要小得多）。几个世纪后，国际单位制（SI）中的压强单位是为了纪念帕斯卡而命名的。而在 1686 年率先推导出表示气压与海拔关系的数学公式的是著名数学家和天文学家埃德蒙·哈雷（Edmond Halley，1656—1742）。

知识窗 2　气压的测量与绘制

用来测量大气压的有各式各样的气压计。最早的气压计包含一根玻璃管，顶端密封，内储水银。起初，气压用汞柱高度表示，在说英语的国家通常用英寸汞柱（inHg）表示[1]。现在更常用的单位是毫巴（mb），1毫巴名义上等于平均海平面气压（1巴）的千分之一。（实际上，平均海平面气压被定义为1013.2 mb。）真正的压力计量单位是经严格科学定义的帕斯卡（Pa）或千帕（kPa），但出于方便考虑，气象学家通常用另一个单位百帕（hPa），而1百帕（100 Pa）就等于1毫巴（1 hPa ≡[2] 1 mb）。

在地面天气图上，气压是用大气压相等的点连成的等压线来标示的。公众最常见到的图展示的是地面气压，但为了预报天气，我们会为大气中的不同高度绘制出有些类似的图。这些图实际上表示的是特定等压面的高度（也就是特定气压出现的高度）[3]。

1 在中文里常以厘米汞柱（cmHg）或毫米汞柱（mmHg）为单位，一个标准大气压（即标准大气条件下的平均海平面气压）为76 cmHg。

2 符号“≡”表示恒等于。

3 为便于比较，地面天气图中的气压值一般会换算成平均海平面气压，因此该图给出的是同一海拔高度的气压值，有时也叫作等高面图；而高空天气图是等压面的等高线图，因此也叫作等压面图。

气压变化是直接造成气温变化的原因，因为气压降低会让一个气块——气象学家常说几“块”或几“包”空气——膨胀并冷却。（反过来当然就是气压升高会让空气压缩并升温。）这么一说可能会让你觉得大气温度会随着海拔升高并由于气压降低而均匀地降低，直到到达行星际空间，那里几乎是绝对真空了。然而，随着海拔升高，其他因素开始起作用。在（对流层的）最低处，气温确实会随海拔升高而整体降低，但到某个高度，气温就稳定了，可能会一连几千米都基本保持不变，然后开始上升。严格来讲，气温直减率由上升或下降而来的任何变化，无论是气温直减率变为零还是符号变了（由正变负或由负变正），都应该叫作逆温。但无论是气象学家还是公众都常把这个词仅看作温度上升。几乎在对流层的任何高度都可能出现逆温，逆温也的确会限制某些云的生长，但对流层顶部的逆温是大气的一个主要特征，在大气中总会出现。

这里的逆温定义了对流层和其上方的平流层之间的分界，即对流层顶。从专业角度讲，对流层顶的定义是气温直减率下降到 2 ℃ / 千米或以下的高度，而且在接下来的两千米中，气温直减率也不超过 2 ℃ / 千米。尽管对流层顶的海拔在各地各不相同，并且可能出现突然的中断和跳跃，但还是可以设想，赤道地区的对流层顶大致分布在海拔 16 至 18 千米的地方；两极地区的对流层顶大致分布在海拔 9.5 至 7.5 千米甚至更低的地方，而且往往不甚清晰，尤其在冬天。在北纬或南纬 45° 的地方，对流层顶的高度在夏季约为 12 千米，在冬季约为 10 千米。在赤道地区，对流层顶的高度几乎不会有变化。高且寒冷的南极冰原有着 3000 米左右的海拔，那里的对流层顶实际上就在地平面。对流层顶的典型气温约为 218 K（−55 ℃）。对流层中不同的气温直减率及其重要性将在第四章展开讨论。

大气的分层结构

法国科学家泰瑟朗·德博尔特（Teisserenc de Bort，1855—1913）通过使用装载了仪器的气球发现了大气最低处截然不同的两层，并对它们进行了命名。他曾错误地认为更高的那一层中没有对流混合，因此那里的气体会分开并分层，于是有了“平流层”的名字。在平流层中，气温升高主要是因为臭氧（O_3）吸收太阳紫外辐射，而臭氧本身又是在辐射引发的化学反应中生成的。正是这个“臭氧层”保护地球表面免受紫外辐射的伤害，但人工合成的化学物质已经部分破坏了臭氧层，尤其是氯氟烃（CFCs）和氢氯氟烃（HCFCs）类的化合物，它们当中的大部分化合物都已被人们熟知的国际协议即 1987 年《蒙特利尔议定书》禁用了。最严重的臭氧空洞产生于南极洲上空（见图 1），在这里，高海拔强风带来的极地涡旋环绕着极地，让该地区与大气其余部分隔绝，不再产生相互作用，若非如此，臭氧空洞也就不会存在了。在北极上空，人们也观测到了规模较小的臭氧层损耗，这里的条件不像南极那么有利于让极地与总体的大气流动部分地隔绝开来。臭氧在春天是不足的，春天，阳光回到极地并能够在极地平流层云（图 2）中的冰粒表面激发光化学反应，导致臭氧损耗。尽管有人担心，有些之前没考虑到的化学物质并没有包括在《蒙特利尔议定书》中，而这些物质似乎还是活跃的，但一般来讲，针对有害化学物质的国际行动已被证明是有效的，臭氧空洞的面积和严重程度都表现出正在减小和降低的迹象。比如人们近期发现，2015 年 9 月的南极臭氧空洞面积比 2000 年小 400 万平方千米。不过同一项研究也发现，大型火山爆发会引起臭氧空洞，火山爆发将大量二氧化硫（SO_2）气体喷入大气，二氧化硫与水分子结合

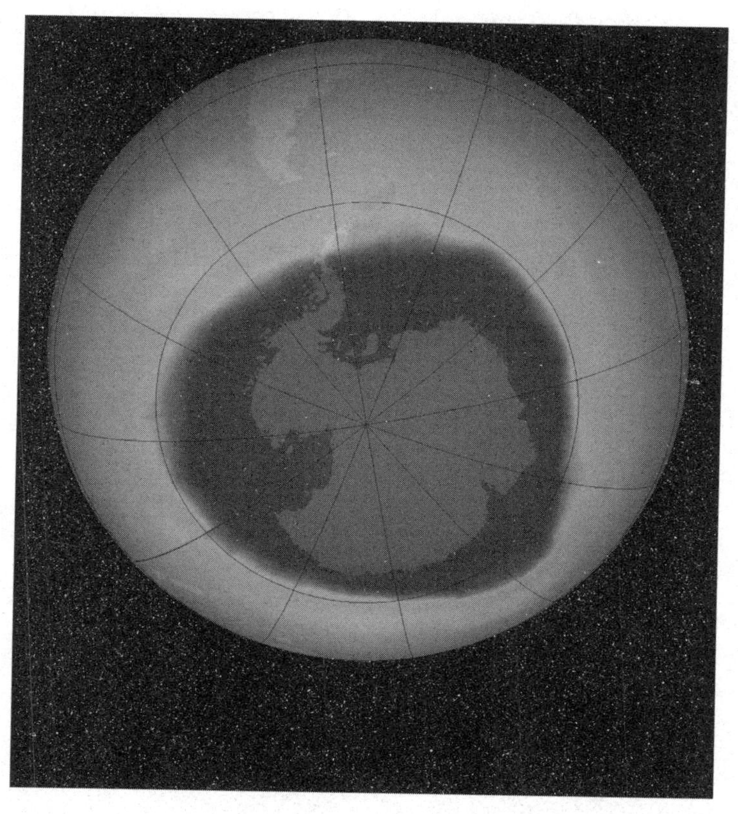

图 1. 有记录以来最大的臭氧空洞（2015 年 10 月），可以看出南极洲上空的大部分区域臭氧耗尽（浅色区域）

形成硫酸（H_2SO_4）液滴，在极地平流层云的冰粒形成过程中充当凝结核。研究认为，这就是在智利卡尔布科火山爆发后于 2015 年 10 月观测到有史以来最大的南极臭氧空洞的原因。

除了主要的臭氧空洞外，平流层中的臭氧浓度也会出现波动。最近人们发现，质子通量大大增强的太阳质子事件（简称 SPE）导致了臭氧层中臭氧的减少和对流层上部臭氧的增多。

由于在对流层顶形成了逆温，该高度以上的条件对地

图 2.　低空卷云上方的极地平流层云，拍摄于瑞典基律纳

面天气只会产生间接影响。平流层非常干燥，云很少见。极地平流层云根据其具体类型，可能会由冰或更多来自平流层之外的化学物质（例如硝酸、硫酸或三水合硝酸）构成，除了极地平流层云之外，平流层中被发现的云只有两种：一缕缕薄薄的由冰晶组成的卷云（常与急流有关，见第三章），以及“过顶”的巨大积雨云。积雨云处发生的对流过于强烈，因此能够冲破对流层顶的逆温层，进入平流层底部。如果极地平流层云由纯水冰粒组成，有时就会呈现出珍珠般绚烂的色彩，或出现“珠母云”的样子。不过，臭氧损耗主要发生在化学成分更复杂并很少显出色彩的粒子上。

最近已经证实，对流层上部和平流层下部的区域可能会没有云，却仍有大量的微小冰粒。这对高空飞行的飞机造成了以前未预料到的危险，因为人们目前无法探测到这些冰粒，而且它们存在于以前人们认为不会有冰出现的区域。它们对飞机的大部分组件都不构成特别的威胁，但会在高温发动机中融化，吸引更多冰晶，冰晶可能会积累形成大量的冰，这些冰可能会裂开，并损坏发动机或使发动机停止运转。由于消散的（而非活动的）积雨云表现出的某种未知机制，有大量水汽被抬升到很高的地方，这些微小冰晶就是由这些水汽形成的。

在高空中风速很高的位置附近，对流层顶的高度通常会发生严重的中断和变化，该高速风叫作急流（详细讨论见第三章）。急流本身对对流层中的天气系统，尤其是低压系统的运动以及由此产生的地面天气变化确实有着直接影响。

在海拔 50 千米左右，平流层温度上升到 270 K（约 0 ℃）左右，气温直减率在这里又一次逆转，气温再次随着高度增加开始降低。这个边界形成了平流层的顶部，叫作平流层顶。其上一层是中间层，这里的气温继续随高度下降，到中间层顶达到大气最低温度，可能低至 110—173 K（–163—–100 ℃）。这一层是地球上最冷的区域，而最近的研究表明，图 3 展示的气温随高度变化的公认情形并不是完整的。实际上气温最小值会出现在两个高度，即海拔 86±3 千米以及 100±3 千米左右。在北半球的夏季，北极附近有上升流（南极附近相应有下降流）。上升流伴随着空气的膨胀和冷却，结果就是最低气温出现在更高的夏季中间层顶。南极的下降流自然会导致空气压缩并升温，让中间层顶变得更低，气温变得更高。

中间层顶外面的那一层叫作热层，在这里，温度随高度不断升高，一直延伸到行星际空间。在这个区域，温度的概念就开始失去意义了，因为尽管原子和分子速度极高（通常意味着高温），但实际密度极低。在这个区域里，能撞到任何“温度计”或任何其他物体的粒子太少，这基本上对被撞击物体温度的升高没有作用。200 到 700 千米之外的区域有时叫作逸散层，原子和分子在这一层可以达到逃逸速度，不再受地球引力的束缚。当太阳活动强烈时，较低的边界适用。

多年以来，很多科学家都曾尝试找出太阳活动与天气之间的关联（太阳活动通常由太阳黑子的数量决定，太阳黑子活动频率大致遵循 11 年左右的周期）。虽然现在我们知道，太阳活动表现出一个约为 22 年的磁极倒转周期，也有人声称发现了太阳活动的周期是 80 年，但是在太阳黑子数量和地球表面的天气之间还是没能发现科学上或统计学上说得过去的关联。直到在近十年间，人们才发现了太阳活动影响天气的一种可能的机制，这种机制引起了北半球极地急流主要在南北方向上的移动和“阻塞”。急流和阻塞将在第三章详述。

虽然电离层跟地球表面附近的天气没有直接关系，但我们还是可以注意到，电离层位于约 60—70 千米到 1000 千米或更高的高度之间，包括了中间层上部和热层。在电离层，太阳紫外辐射和 X 射线辐射从原子和分子中剥离出电子。电离层将特定波长的无线电波反射回地面，同时也阻止波长相近的无线电波从太空抵达地球表面。来自太阳风的高能电子和质子轰击大气中的氧和氮的原子和分子时，会使其电离或提升到激发态，它们从激发态回到基态时就会发出可见光，与太阳活动有关的极光就出现在电离层。

在实际应用中，特别是在航空领域（例如确定飞机在不同高度的性能）和科学仪器的校准中，气温、气压和空气密度随海拔的变化是用所谓的标准大气来表示的。这是一种基于假设的理想分布，用到了关于空气的物理特性、海平面气压、气温直减率和特定海拔的气温的一系列假设。（例如，假设对流层顶的气温为 –56.5 ℃。）图 3 显示了 100 千米及以下的国际民航组织（ICAO）标准大气，美国对这一标准的扩展（美国标准大气）则达到了 500 千米。

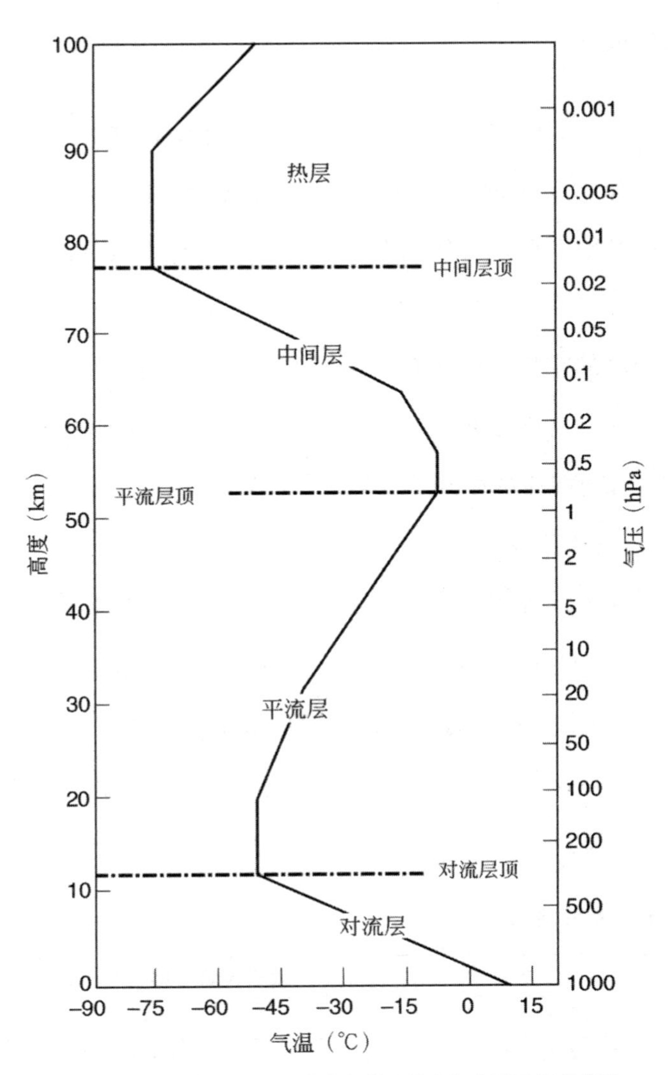

图 3. 国际民航组织（ICAO）标准大气使用的大气分层及温度廓线

大气成分

在较低层的大气中，空气按体积计算大致由 78% 的氮气和 21% 的氧气组成（准确含量见表 1）。这就表明，所有其他气体——包括对全球变暖负有重大责任的二氧化碳和甲烷——加在一起还不到 1%。这些数字适用于完全干燥的空气，但还有一种极为重要的成分以可变的含量存在，这就是水汽，其含量可以在零到约 4% 之间变动。水的特性对确定天气来说非常重要，因此我们将单辟一章，在第四章详述。

除了以可变的含量存在的水汽、二氧化碳和臭氧以外，大气的相对组成一直到 85—100 千米左右的高度（也就是到大概中间层顶的高度）都基本保持恒定，人们有时也把这部分大气叫作均质层。这个区域也叫作湍流层，其中的湍流会让空气混合。

表 1　大气成分

气体	大气含量（体积百分比）
氮气（N_2）	78.09
氧气（O_2）	20.95
氩气（Ar）	0.94

（续表）

气体	大气含量（体积百分比）
二氧化碳（CO_2）	~0.03
氖气（Ne）	1.8×10^{-3}
氦气（He）	5.2×10^{-4}
甲烷（CH_4）	2.0×10^{-4}
氪气（Kr）	1.0×10^{-4}
氢（H）	5.0×10^{-5}
氧化亚氮（N_2O）	5.0×10^{-5}
氙气（Xe）	8.0×10^{-6}

这一层的顶部叫作湍流层顶。在这个高度以上的被称作非均质层的大气中，气体的类型和相对比例的确有所改变，主要是因为氧气分子被紫外辐射解离，也因为扩散机制（通过个别分子或原子的随机运动来混合）取代了对流机制（一种气体或液体上下颠倒，通常是通过从下面加热，可以将所有不同成分高效地混合在一起），而扩散机制的混合效果远不如对流机制。

温室效应

在地球上产生天气的各种各样的过程归根结底都是由

来自太阳的能量驱动的。就本书目的而言，我们可能会忽略来自地球内部以热量形式存在的能量的微小贡献，这部分能量是由地球开始形成时就存在的放射性元素的衰变产生的。

早在 1824 年，约瑟夫·傅立叶（Joseph Fourier）就率先提出了行星温室效应。1896 年，瑞典著名科学家、诺贝尔奖得主斯万特·阿伦尼乌斯（Svante Arrhenius，1859—1927）对此作了更充分的论述。而早在 1917 年，亚历山大·格雷厄姆·贝尔（Alexander Graham Bell，1847—1922）就指出，燃烧化石燃料会造成温室效应。他还提倡使用替代能源，特别是太阳能。

任何关于全球变暖或气候变化的讨论都可能会提到"温室效应"或"温室气体"这样的术语。在这里用"温室"一词虽然方便，但它也跟另外一些被广泛使用的术语一样，严格来讲用得并不准确。任何类型的温室或暖房内部通常比外面的空气暖和得多。无论是小型的家用温室，还是英格兰康沃尔郡伊甸园工程的巨大穹顶，都是如此。在伊甸园工程的巨大穹顶下，热带雨林和地中海地区的生态群落（即"生物群系"）得以再现。阳光加热土地，土地又让空气升温，但玻璃或塑料完全阻止了对流，使内部的热空气与外部的冷空气无法混合。伊甸园工程的巨大穹顶需要复杂的通风系统来维持所需的温度和湿度范围。

就大气层而言，暖化机制很不一样。这里的行星温室效应肯定会让行星或任何行星卫星的地面温度变得比没有大气的时候要高。地球的平均地面温度约为 14 ℃，但如果没有大气，就会是寒冷刺骨的 –18 ℃，这对复杂的生命形式来说实在是太冷了，它们无法出现，无法茁壮成长。各种气体吸收和发出不同波长的红外辐射的方式造成了温差。

太阳发出的辐射几乎覆盖了整个电磁波谱，从短波的伽马射线、X 射线和紫外（UV）辐射，到长波的射电辐射，无所不包。图 4 显示了在不同波长处大气不透明度如何变化，大气不透明度阻止了大部分太阳辐射抵达地球表面。波长极短的伽马射线、X 射线和紫外辐射被高层大气吸收，就像前面我们看到的那样，紫外辐射在那里作用于氧气分子，产生了平流层中的臭氧层。有一个狭窄的窗口能让大部分可见光抵达地球表面（部分略有吸收），其他波长更长的位于红外区的辐射则或多或少被阻挡在外，直到我们到达无线电区域的宽阔窗口为止。在这里，信号可以畅通无阻地抵达地面。波长最长的那些无线电波则又一次被完全阻挡。

红外区的吸收尤其以二氧化碳和水汽为主。部分入射辐射被云、气溶胶（稍后详述）和地表反射回太空，但真正抵达了地表的大部分辐射都被吸收了，地表也得以升温。现在轮到地面自己向太空发出辐射了，但地面发出的辐射波长更长，其中一些被大气中的“温室气体”阻挡。这些温室气体反过来又再次发出辐射，有些直接辐射到太空，但剩下的辐射回到地表，让地表进一步升温。因此，大气和温室气体部分地充当了一种“单向”覆盖层，锁住了热量，从而提高了地球的整体平均温度。当然，总体来看，从太阳进入的能量（平均为 342 W/m^2）与回到太空的等量能量相平衡，这一平均年度能量平衡及不同组分如图 5 所示。入射的太阳辐射在大气中产生垂直和水平运动的方式将在第二章讨论。

图 4 中的吸收光谱包含了那些始终存在的大气成分（包括水汽）的影响，但并没有考虑在不同时间可能存在的不同浓度的固体或液体颗粒物。气溶胶（悬浮在空中的

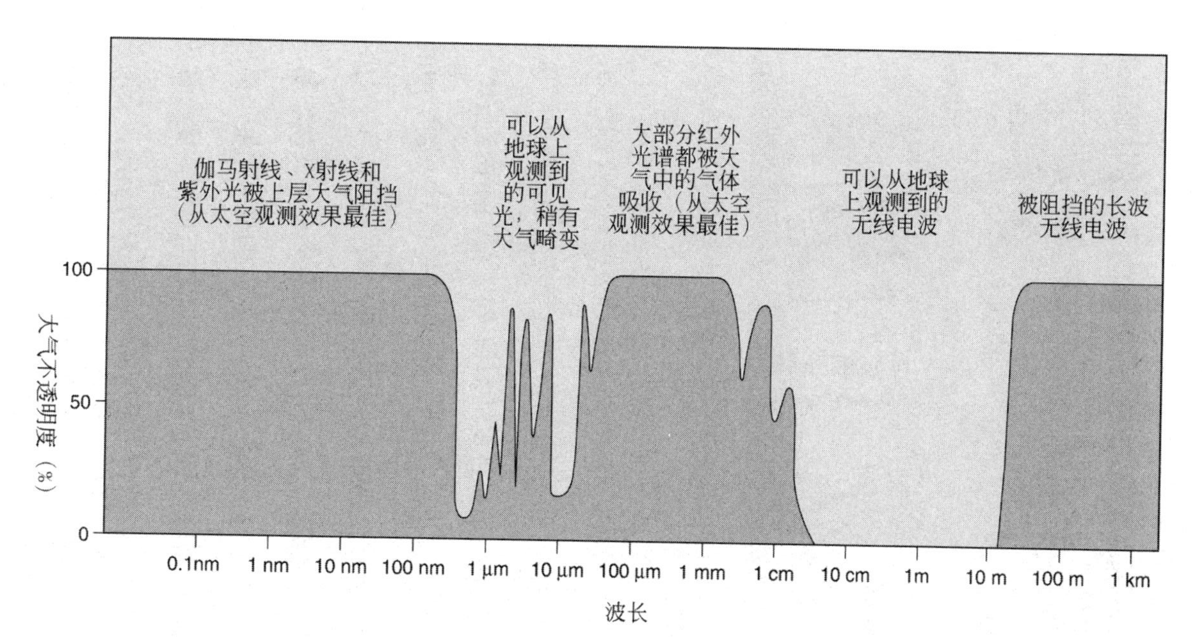

图 4. 整个电磁波谱中的地球大气不透明度。波长最短的辐射（伽马射线、X 射线和大部分紫外光）都被大气阻挡了。在可见光波段有一个光几乎能完全透过的窗口，大部分红外波段被阻挡，随后还有一个很大的无线电窗口

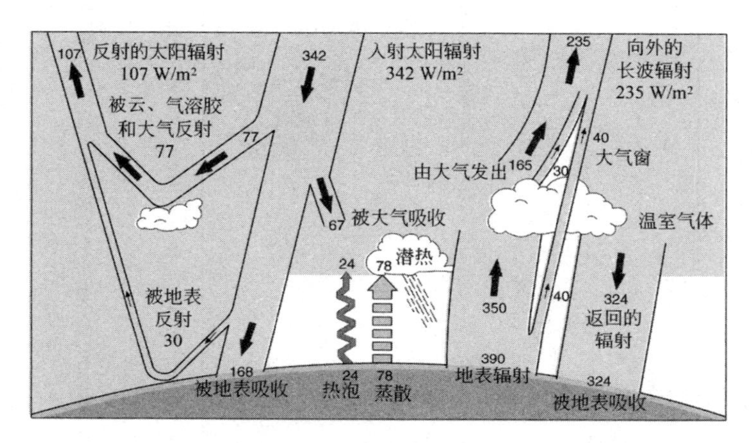

图 5. 地球及其大气复杂的平均年度能量收支状况。请注意由温室气体返还到地表的大量能量（324 W/m²）

液体或固体微粒）不只会在接近地表时造成雾霾污染，当出现在高层大气时也会对行星温度产生显著影响。例如，据估计，1991 年 6 月皮纳图博火山爆发向平流层喷入了 1400 万吨二氧化硫气体，二氧化硫气体与平流层中的水汽结合，生成硫酸液滴。这些细小的液滴阻挡了太阳辐射，导致了 20 世纪 90 年代初期短暂的全球变冷现象，一开始（有几个月）达到了 0.5 ℃左右的变冷幅度。最近已经证实，气溶胶会与大气中的气体相互作用。就一氧化碳和甲烷而言，它们与二氧化碳的暖化能力相比，会增强暖化效应，而氮氧化物主要是冷却效应。氮氧化物在自然条件下由闪电产生，也在机动车尾气中大量产生。

天空之所以呈现蓝色，是因为氧气和氮气分子优先将紫色和蓝色的光散射到各个方向，而对波长更长的光则几乎或者完全没有影响。因此，天空在人眼中呈现蓝色（人眼无法看到紫光）。日出和日落时天空出现黄色、橙色和红色，主要是因为波长更短的光在抵达观察者之前就已经被散射掉了。水汽通常集中在地表，水分子会散射所有波长的光，给天空带来乳白色和淡蓝色，但在湿度极低的极地和沙漠条件下除外。在高海拔地区几乎没有水汽，因此天空呈现出一种很深的蓝色，正如少女峰山坳火车站的那些游客所看到的景象。

在高海拔山区，空气往往非常寒冷和干燥；如果登上山峰，人们经常会穿过云层，然后发现上面是清澈的天空。如果云覆盖了最高的山峰，天气通常就会很冷，任何形式的降水都会以雪的形式出现。主要的天文台都建在山顶上，因为山顶往往“在天气之上”，光学条件也大为改善，原因包括污染少（污染往往被限制在大气底层）、水汽浓度低，以及由于大气湍流带来了畸变，来自天体的光线路径更短。水汽浓度低对毫米和亚毫米波长的天文观测来说尤为重要，因为如果水汽浓度高，这些光线就会被完全阻挡或严重减弱。例如阿塔卡马大型毫米波阵（简称ALMA，见图 6）就建在智利查南托高原上，海拔不低于 5058 米，在这个高度，射电望远镜的工作人员是需要氧气补给的。该阵列的整体操作是在海拔低得多的支持设施里进行的，那里的海拔为 2900 米。

图 6. 阿塔卡马致密阵，由阿塔卡马大型毫米波阵（ALMA）整体 50 座天线中的 16 个紧密排列在一起的单元组成

第二章

大气环流

1686 年，著名数学家和天文学家埃德蒙 · 哈雷率先尝试认真解释完整的大气环流，他将地球表面的太阳加热分布和风联系起来。1676 年，为了给南半球的恒星编目，哈雷前往南大西洋的圣赫勒拿岛。在前往岛上和从岛上返回的旅途中，他观察了赤道两侧风的模式，随后于 1686 年发布了第一张气象地图（图 7），展示了热带的风。他认识到，赤道地区经加热后上升的空气吸入了周围较冷的空气，这样就解释了他感受到的风的模式。虽然他对东北信风的解释是错误的，但其热对流的概念基本正确，因此有时人们称他为“动力气象学之父”。“动力”或“动力气象学”是气象学的一个分支，研究在大气中产生运动的过程。

1735 年，乔治·哈得来（George Hadley，1685—1768）拓展了哈雷的研究。乔治·哈得来是一位律师，也是一位非职业的气象学家，人们往往把他和他更加出名的哥哥约翰·哈得来（John Hadley）弄混——他哥哥是天文学家和光学仪器制造者，发明过六分仪。乔治·哈得来提出，热带与两极之间的温差形成了两个环流圈，赤道两侧各有一个。他认为，在每个环流圈中，空气在赤道地区上升，流向极地，在极地下沉，然后从低空流回热带。虽然现在我们知道这个有着南北向（经向）环流的简单模型并不完备，但哈得来确实正确推测出，信风偏离南北方向连线并在赤道处汇集，信风的东北和东南两个方向是由地球自转产生的。（金星较低层大气的环流确实在两个半球、赤道与南北纬约 60° 到 70° 之间分别有一个单独的哈得来环流圈。）

信风又叫“贸易”风（trade winds），这样命名并不是因为它们跟商业有一些关系——不过信风对船只漂洋过海确实重要。这个名称来自一个早已过时的词 blow trade，其中 trade 一词的原始含义是“路线”或“路径”，后来又被理解为“惯常的”或“习惯的”。于是这个词被用来表示，

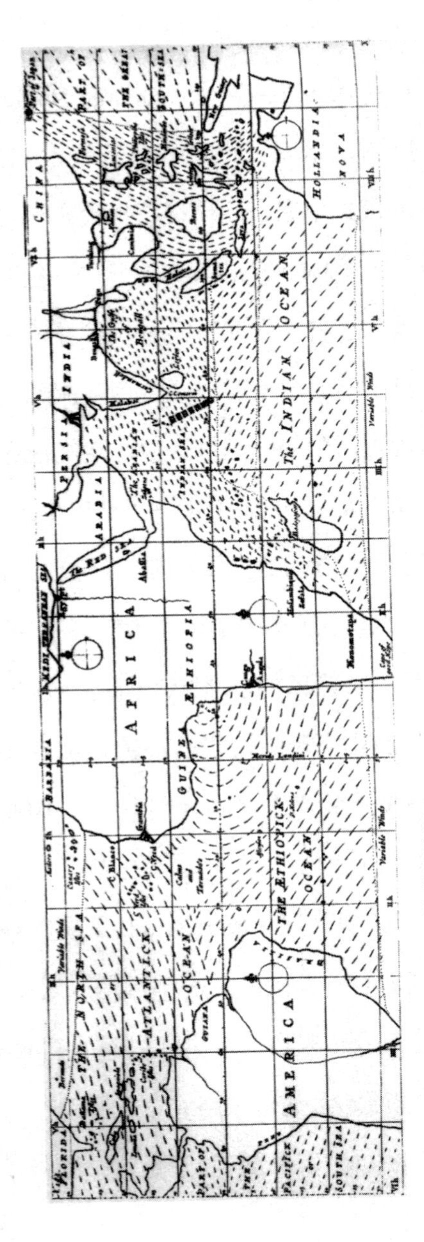

图7. 埃德蒙·哈雷1686年的热带风地图

在地球上的某些地区，风基本上是连续不断地从一个特定方向吹来的。

虽然哈得来的模型勉强解释了赤道两侧的东北信风和东南信风（更详细的描述见第六章），但在解释远离极地的地方持续存在的盛行西风带时却站不住脚。但哈得来和他之前的哈雷一样，在假设温度差异（因此还有气压差异）是驱动力的方面是正确的。

日照量，也就是地球表面接收到的来自太阳的能量总量，极大地依赖于纬度。从全年平均来看，在赤道与南北纬约 40° 之间的区域有能量盈余，而在接近两极的所有纬度都有能量亏损，这确实形成了一种胞状环流。在赤道附近暖湿空气上升的地方有一个低压区（“热低压”），历史上水手们曾称之为赤道无风带，这里的风轻柔且多变，因为这里主要的运动是在垂直方向而不是水平方向上。在高空，空气向南北两个方向分道扬镳，在南北纬 30° 附近下沉，形成半永久性高压区（叫作副热带反气旋）。因为空气下沉时会升温，这样的反气旋就叫作“暖高压”。这部分空气的湿度变得极低，并且在抵达低空后，这股干热气流一分为二，一部分流回赤道形成信风，剩余部分流向纬度更高的地区。世界上主要的热沙漠都分布在副热带反气旋的赤道侧或其附近，特别是北半球的撒哈拉沙漠、阿拉伯沙漠和北美洲的沙漠地带，以及南半球澳大利亚中部的沙漠和卡拉哈里沙漠。

有些类似的环流也出现在两极。在南北纬 60° 附近，空气温暖而湿润，足以发生对流、上升并向两极移动。在温度很低的两极，地表空气本就寒冷、密度大，上方的空气会冷却并下沉。结果是形成一个浅的高压区（冷性反气旋或“冷高压”），空气从这个高压区的地表流出，流向纬度更低的地区，最终替换了在南北纬 60° 附近上升的空气，形成完整的环流圈。这股冷空气沿着一个极为重要的锋区遇到了从副热带反气旋流出的更温暖的空气，该锋区叫作极锋，将在第三章详述。在这里，一部分来自副热带的温暖空气被拽进极地环流圈中的环流，还有一部分空气上升并流回纬度更低的地区。

因此，在每个半球并不是只有一个单独的环流圈，而是有三个环流圈：最靠近赤道的环流圈，也与哈得来最初的想法最为接近，为了纪念他，就叫作哈得来环流；极地环流；以及位于二者之间、跨越中纬度地区的环流圈，叫作费雷尔环流，它是为了纪念美国气象学家威廉·费雷尔（William Ferrel，1817—1891）而命名的。因此，在南北纬 30° 附近的副热带反气旋处下沉和在南北纬 60° 附近上升的空气就促成了位于中间的费雷尔环流圈中的环流。哈得来环流和极地环流被视为“直接”环流，由特定的温度梯度和气压梯度驱动；而费雷尔环流被看成“间接”环流，完成了由两个直接环流建立起来的环流。图 8 是这一经向环流的简化示意图，暂时忽略了地球自转的影响。

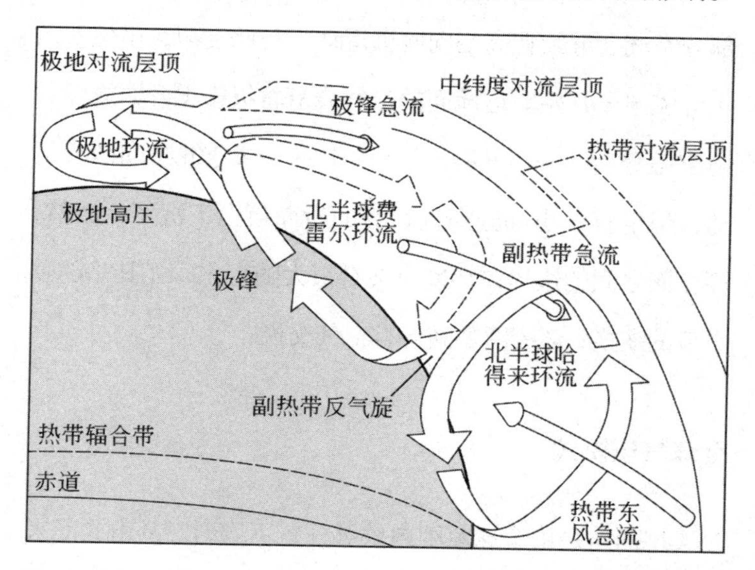

图 8. 基本的经向环流，对应北半球夏季，展示了三个主要环流圈（极地环流、费雷尔环流和哈得来环流）

这样的简化说明满足了我们现在的需要，但真实情形要复杂得多。比如，并没有一个能延伸至完全环绕整个地球的单圈哈得来环流，也没有形成副热带反气旋的连续风带，而实际上是有一系列单独的环流，受到经度和一些高压中心的限制。图 9 和图 12（各自展示了 1 月和 6 月的平均气压和风向分布）尽管没有明确标示，但还是能表明这一点。空气流动也不像描述和图表所示的那么明确。并非所有来自哈得来环流的空气都在副热带反气旋处下沉，部分空气会继续在高空向两极运动。与此类似，虽然费雷尔环流中一开始贴近地面的空气会沿着极锋上升并立即在高空中分离—— 一部分返回热带，一部分继续向两极运动，但也有一小部分空气在锋的后面自己下沉了。当然，环流圈之间的边界在纬度上会有很大的变化，尤其是随着季节的变换；环流圈之间也有空气交换。

全球气压模式

地面风是由全球范围内供热分布不均匀以及由此而来的气压分布不均匀产生的。当然，高压区和低压区的分布

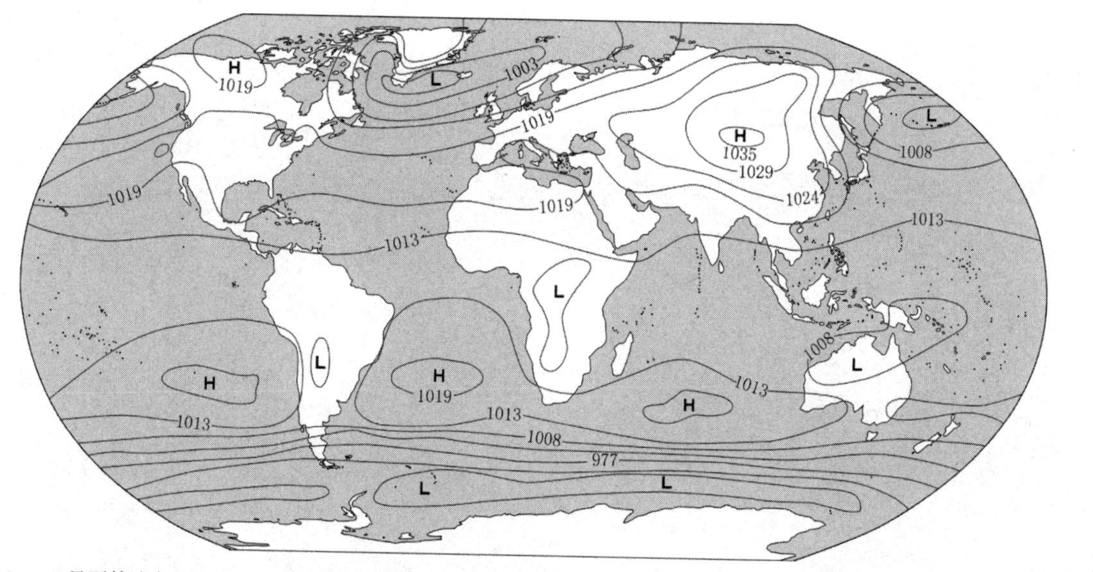

图 9a. 1 月平均大气压。主要特征是冰岛低压、阿留申低压、西伯利亚高压，以及南大洋上空的三个半永久性高压区（H——高压区；L——低压区。下同。）

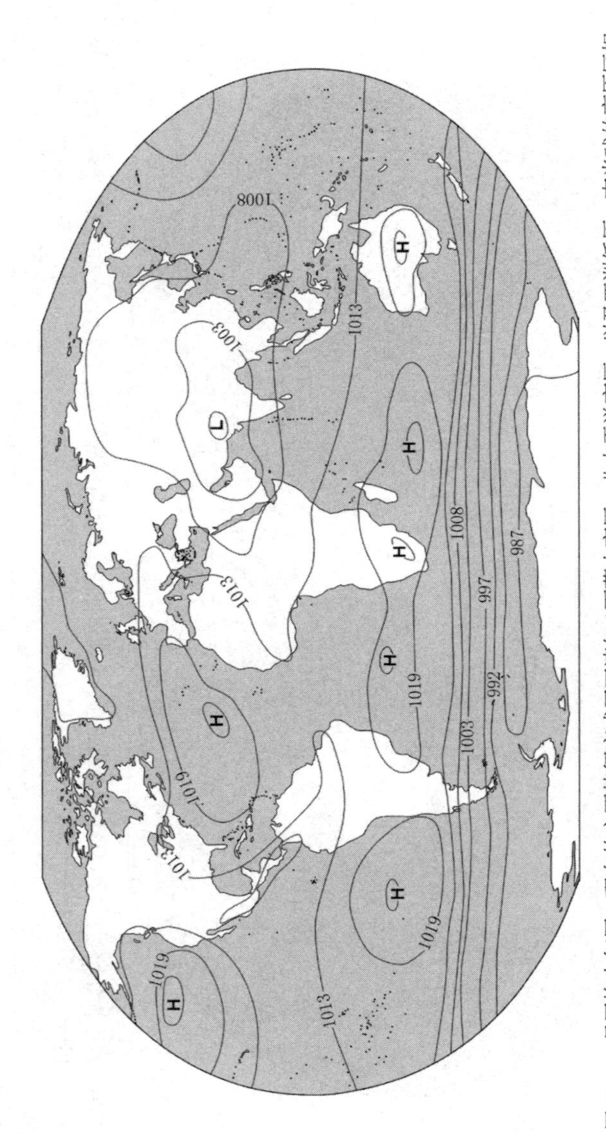

图 9b. 6 月平均大气压。现在的主要特征变成了亚速尔 / 百慕大高压、北太平洋高压，以及亚洲低压。南半球的高压区相对而言没有变化

全年都在变化，往往会随着季节向北和向南移动，遵循最大日照量的变化。1 月和 6 月地表平均气压分布如图 9 所示。这两种模式之间最显著的差异是西伯利亚上空气压的重大变化，从冬季高压（西伯利亚高压）变成了夏季低压（亚洲低压，中心更靠近南部），以及冬季出现在北大西洋和北太平洋上空的低压区，分别为冰岛低压和阿留申低压。这些半永久性的特征叫作“活动中心”。高压中心往往相对恒定，而有些低压中心更短暂一些，只有低压系统经常经过相关地区时，这些低压中心才存在。夏季，随着冰岛低压和阿留申低压减弱，亚速尔高压（也常叫作百慕大高压）和北太平洋高压这样的活动中心都会加强。尽管 1 月出现的三个高压区在南半球的冬季往往会扩大、融合，并包围整个地球，但由于海洋在南半球的主导地位，南半球气压分布的变化并没有那么剧烈。在南半球的夏季，澳大利亚北部上空、非洲中部和南部上空以及南极洲周围都有显著的低压，不过最后这个低压往往会持续一整年。

地面风环流主要由地表气压分布决定，但地球自转在这里也起到了极为重要的作用。高压和低压地区之间的大气压差异产生了从高压向低压中心作用的气压梯度。人们可能会认为，空气会直接流向低压中心。实际上，气流会偏离单纯由气压梯度产生的直线路径，主要原因就是地球自转。

科里奥利效应

如果在转动参考系中观察，例如从地球表面观察，任何运动中的物体都有偏离直线路径的明显倾向。这就是人们熟知的科里奥利效应，它不仅适用于火箭或炮弹这样的有形物体，也适用于气块。在气象学中，这一科里奥利加速度最重要的部分是作用在与地表平行方向上的水平分量，通常就叫作科里奥利力。对科里奥利力的完整描述超出了本书的范围，但通过一种简化阐释就能满足我们的需求了。

由于地球自转，赤道上的一个点以及它上空的静止气块被裹挟着向东运动，速率为 24 小时移动 40,074 千米，速度约为 1670 千米 / 时，而北极或南极的一个点没有水平运动，只在 24 小时内旋转一周。为简化起见，如果我们假设在气压梯度的作用下，赤道上有个气块向正南或正北方向移动，那么它会保持向东的速度，但现在位于气块下方的地球表面就会以更慢的速度移动。该气块相对于经线将向东移动，不再直接流向低压中心。与此相反，在两极，一个气块围绕地轴缓慢转动。如果它开始向赤道移动，就会跨越以更快速度向东移动的地球表面。这两个气块在北半球看起来都是向右偏转，在南半球则是向左偏转。

这些说明性的例子也许会让你觉得这种偏转，即科里奥利力，存在于赤道上。但实际上，科里奥利力的大小与纬度的正弦值成正比，因此在赤道上，科里奥利力的大小实际上是零（sin 0° =0），并在两极达到最大值（sin 90° =1）。此外，科里奥利力也与空气水平速度成正比，且作用方向始终与空气运动方向成直角（在北半球向右，在南半球向左）。

“自由大气”通常被认为位于500—1000米的高度之上，也就是在不受地表摩擦力影响的高度。人们已经发现，在自由大气中，风向与气压梯度成直角，因此风是沿着等压线吹的。这就表明，气压梯度与科里奥利力作用在相反方向上，且正好互相抵消。这种理论上的风叫作地转风，而且对于特定气压梯度，风速与纬度的正弦值成反比，因此向两极递减。地转风与在自由大气中观测到的风极为近似，但靠近赤道的地方是例外，科里奥利力在这里接近零。由于气压中心的纬度或经度几乎不会静止不变，中心气压也会随时间变化，因此空气速度也会因不同作用力之间的平衡情况的变化而不断变化。

由于自由流动的风（地转风）是沿着等压线吹的，因此会围绕着高压和低压中心运动。还有一种指向气压中心的作用力叫作向心力（或向心加速度），它让空气沿着弯曲路径移动。以这种方式移动的空气叫作梯度风。向心力的大小取决于空气是围绕着低压区还是高压区运动的：围绕低压中心运动的空气的速度往往会降低，围绕高压区运动的空气的速度则会提高。在大多数情况下，这一额外因素可以被忽略，它只对赤道附近的热带气旋有重要意义，在那里，科里奥利力很小或不存在，或者在龙卷风里出现极端低压。

这一“简化阐释”可能看起来还是有点复杂，但需要注意的重点是以下几个方面：运动中的气块在北半球会向右偏转，在南半球则向左偏转；科里奥利力随纬度增加而增大，而且风速越大，科里奥利力越大；最后，自由流动的空气（地转风）沿着等压线并围绕着高压或低压中心流动。稍后讨论的地表摩擦力会改变这些现象。

在本书中，风速通常用千米 / 时表示，读者对这个单位比对气象学中经常用的单位米 / 秒更熟悉。但在航空和其他领域，速度可能用节（kt）——海里 / 时表示，而 1 节 = 0.514 米 / 秒 =1.852 千米 / 时。风速也常用蒲福风级表示，这是海军少将弗朗西斯・蒲福（Francis Beaufort）于 1805 年提出用于海上的风力等级，被英国海军部于 1838 年采用，后经改进也被用于陆地（蒲福风级见附录 A）。

全球的风

我们现在对于形成全球环流的风向有一种解释。在赤道上升并在高空向南和向北流动的空气在北半球将是西南方向的，在南半球是西北方向的，风向如下所述。从副热带反气旋经过低空回流到赤道的空气分别在北半球和南半球产生了东北信风和东南信风。信风交汇处有一个重要的气象特征，叫作热带辐合带（ITCZ），有时候我们也称之为“近赤道槽”。ITCZ 在卫星图上常常以大量的云，尤其是雷暴群的形式显现（图 10）。随着季节变换，它会南北移动，其环绕地球的路径也会随之改变。

风向总是用风的起源地来描述，记住这一点大有用处。这一点不仅对用与罗经点有关的一般性术语描述的风（东风、西北风等）适用，对更具体的风的类型也同样适用，例如我们将在第八章讨论的山风。

图 10. 太平洋东部的热带辐合带（ITCZ），图像由气象卫星拍摄

从副热带反气旋向两极流出的低空空气产生了温带盛行的西风。在北半球，这些西风带受到现存大陆块和山脉的强烈影响，但在南半球，由于土地面积较小，西风带几乎能畅通无阻地环绕地球，水手们开始称之为“咆哮西风

带”或“咆哮 40 度”。可以想象的是，更靠南的强风有时被描述为“狂暴 50 度”和“尖叫 60 度”。

在两个半球，从极地高压流出的空气产生了极地东风带，但该风带通常局限于非常靠近极地的地区，有时能达到南北纬 60° 左右。但极地东风带相对较弱，尤其是在北极，因此它们没有信风那么强烈和持久。大部分温带地区都是西风带占主导地位。图 11 是北半球地表环流的高度简化示意图。

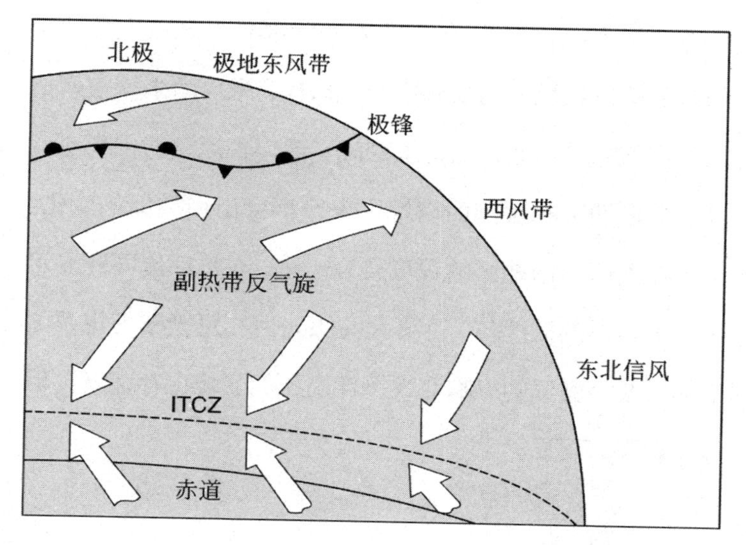

图 11. 北半球地面风模式的高度简化示意图。图中并未显示出极锋以及相应高压和低压系统的多变的位置

当然，总体风场是非常复杂的，在不同年份的变化也很大。1 月和 6 月的全球平均环流如图 12 所示。就图 9 所示的气压模式而言，它与图 12 最显著的区别是，冬季从西伯利亚高压流出的空气和夏季流入更靠南的亚洲低压的空气之间是有变化的。受此影响，ITCZ 和与之相伴随的低压退到了印度次大陆上空比此前高得多的纬度，在该地区，ITCZ 有时被描述为“季风槽”。由此带来的风向逆转产生了季风（monsoon winds 中的 monsoon 来自阿拉伯语的“季节”一词）。冬天在亚洲大部分地区占主导地位的东北季风到夏天则被西南季风取代；来自南半球东南信风的空气越过赤道，在这里变成了西南季风。澳大利亚北部、非洲西部和美国西南地区上空都会出现类似的变化，不过在美国西南地区的程度要轻一些。6 月环流同样显示了北大西洋的亚速尔 / 百慕大高压如何在夏天成为重要的活动中心。类似的影响北太平洋高压的变化也存在着，但并没有那么明显。

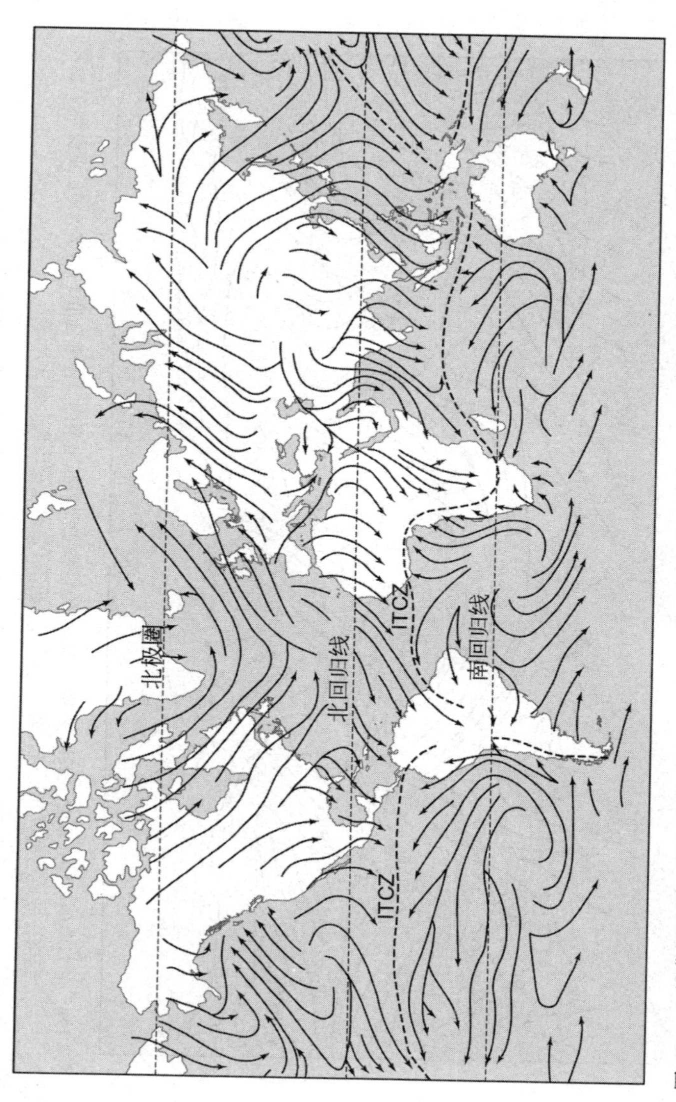

图 12a. 1 月典型风场。辐合区域以粗虚线表示。请留意从西伯利亚高压流出的空气，以及热带辐合带（ITCZ）在非洲上空的倾斜

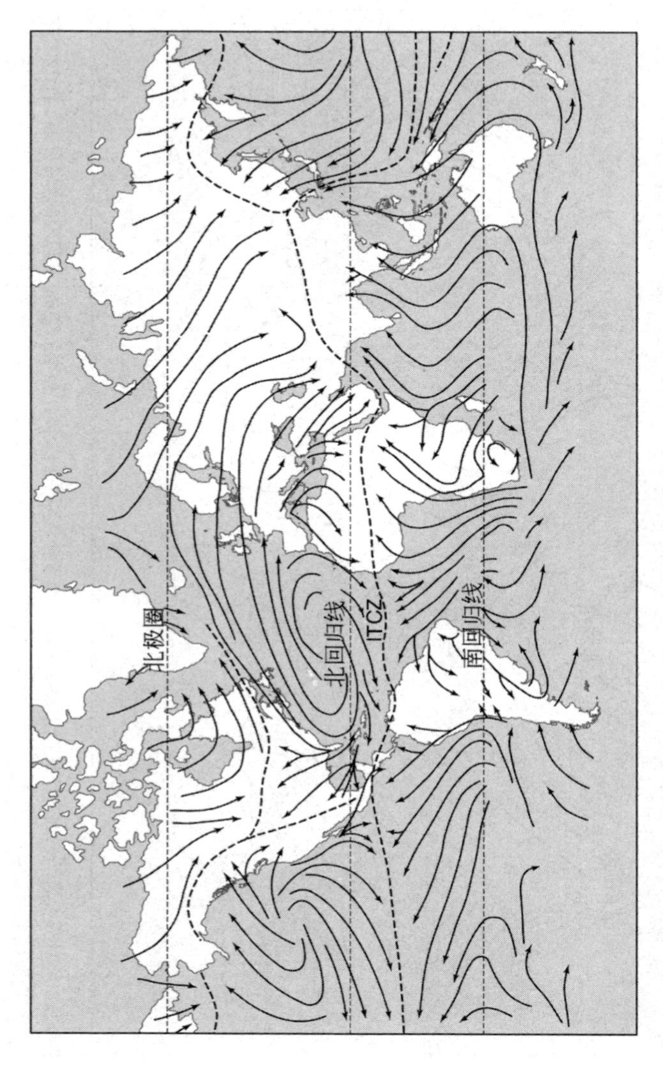

图 12b. 6 月典型风场。辐合区域以粗虚线表示。印度和亚洲南部上空的热带辐合带（ITCZ）的位置发生了显著变化，导致季风风向逆转，北大西洋的亚速尔 / 百慕大高压也凸显了出来

西风带

在费雷尔环流中的中纬度地区的环流里占据主导地位的是纬向而不是经向的西风带气流。费雷尔环流和极地环流之间边界处的极锋的位置主要由极地涡旋的强弱决定，前文曾简单提及极地涡旋与臭氧空洞有关。这些极地涡旋是地球极地附近的低压区，在南北两极都有。它们位于对流层的中部和上部，延伸到平流层下部。在冬季，极地涡旋尤为强烈，极地上空的空气会因为缺乏日照而变得极为寒冷，而且极地空气与较低纬度地区的空气之间存在的温差最大，较低纬度地区的空气在强烈涡旋的作用下无法进入极地。在南半球，极地涡旋位于南纬 30° 以南，而且相对于南极非常对称。它在南半球冬季最强，在夏季也只是稍微减弱。在北半球，极地涡旋则更加多变，风的强度也变化很大。北半球极地涡旋最强时，主要的低压中心位于加拿大北极群岛上空（图 13 上图）。如果涡旋稍微减弱，次级低压往往会在西伯利亚上空发展起来。涡旋最弱时，整个涡旋系统会崩溃，形成多个寒冷的低压中心。冷空气分裂为多个波瓣，纷纷南下到纬度更低的地区（图 13 下图）。一般来讲，在冬季，气压极低的整个低压区周围的西风尤为强烈，并逆时针环绕着北极吹。在北半球夏季，极地涡旋大大减弱，因此通常会出现风向逆转，变成环绕高压中心的温和东风。上层气流中沿纬向有一些严重的弯曲现象，在冬季最为明显，高压脊向北延伸，低压槽向南延伸。这些波叫作长波，也叫罗斯贝波，波长达数千千米，在整体西风带中向东传播。在西经 70° 和东经 150° 附近，也就是落基山脉和青藏高原的重要地形屏障的下风处，有两个主要的半永久性低压槽。（低山或高山对气流的阻碍会在下风向形成低压区和高压区的模式，原因过于复杂，此处不展开讨论。）南半球没有这样的重要地形屏障，只有南美洲的最南端延伸到了南纬 40° 以南，因此罗斯贝波没有那么明显。在北半球，罗斯贝波对天气系统的形成和运动有重要影响，这一点将在第三章展开讨论。极锋急流（相关讨论见第三章）是罗斯贝波的高风速核心。

高压区与低压区周围的气流

我们已经知道，自由流动的空气并不会直接沿着从高

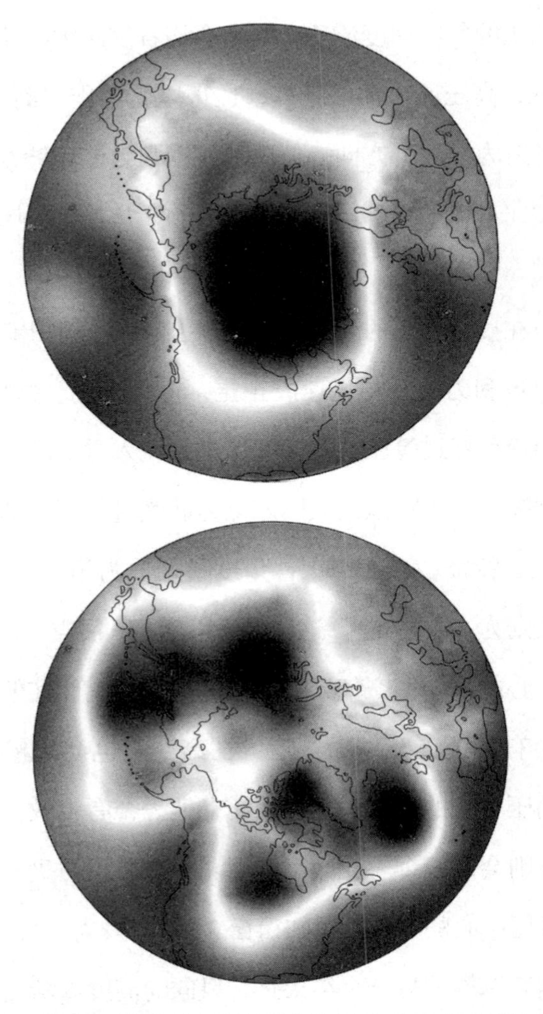

图 13. 处于典型强时期的北极极地涡旋（上图：2013 年 11 月 14 日至 16 日），其主要低压中心位于加拿大北部上空。涡旋减弱时，呈现为多个中心和波瓣（下图：2014 年 1 月 5 日）。图中白色表示最强的风带，颜色最深的区域是气压最低的地方

压向低压的气压梯度流动，而是会绕着气压中心流动。在北半球，高压区（即反气旋，也可以就叫作“高压”）周围的环流为顺时针方向，低压区周围则为逆时针方向。后者的专业术语是气旋，不那么正式的叫法是“低压”或低压系统。

但在接近地面的地方，风速会在摩擦力的作用下降低，而科里奥利力由于与风速成正比，也会减小。这样一来，空气会流动穿过等压线，向低压中心流入，从高压中心流出。摩擦力的大小以及风因摩擦力而吹过等压线的角度取决于地表特征。在海面上，角度典型值为 10°—20°，在陆地上则为 25°—35°。这会带来很明显、很重要的结果：低压中心的辐合使空气无法无限地堆积，因此在低压中心必然会有气流上升作为补偿，在高空中也会有相应的辐散。高压中心的情形与此相反，在地表会有辐散，在较高的地方则会有辐合。地面上的观测者可以用白贝罗定律来估计低压中心的方位（见知识窗 3）。

地表摩擦的另一个结果是，风向随高度逐渐变化，如果绘制成图像，就会形成螺旋，叫作埃克曼螺线。埃克曼螺线与最初被发现并应用在洋流中的螺线类似，洋流方向随海水深度变化，变化幅度随纬度增加，在海洋中的很大范围内甚至可能导致洋流方向逆转，这通常发生在 50 米左右的深度。

来自地表的摩擦力、湍流和加热的影响主要局限在大气层的最低处，叫作行星边界层，有时候也叫“摩擦层”。一般认为，行星边界层在海洋上会延伸到 500 米左右的高度，在陆地上则是 1500 米左右。但是，行星边界层本身还可以被认为是由不同的、独立的两层组成的：从地面到 10 米左右的地面边界层以及位于其上方的埃克曼层。地面边界层中的风力和风向基本恒定，主要由地面的粗糙度和地形决定。这一薄层受地面加热的影响最大，如果地表非常炎热，地表上方的气温直减率（即气温随高度的变化，见第四章）会比较高层大气中的气温直减率高得多。在较高的埃克曼层，风力和风向受到摩擦力的影响。摩擦力的影响随着高度增加逐渐减弱，风向在埃克曼螺线中持续变化，最后变成沿着等压线吹拂的地转风。风在哪个高度变成地转风，那里就是埃克曼层的顶部，因此也是行星边界层的顶部。

知识窗3　白贝罗定律

有一种规则能粗略地估计出形成风的低压中心的位置。在北半球背对风向，那么低压中心在左侧（在南半球则是右侧）。但这只是一种很近似的估计，因为由地表决定的摩擦力大小会让真正的低压中心位于该方向前方约10°—35°（甚至更大角度）处。这条“定律”是以荷兰气象学家C. H. D. 白贝罗（C. H. D. Buys Ballot，1817—1890）的名字命名的，是他描述了该效应。实际上美国气象学家威廉·费雷尔比白贝罗更早发现这一定律，但该定律还是以白贝罗的名字命了名。

如果风来自反气旋内部，那么在北半球，高压中心自然会在右侧，在南半球则在左侧，同时也会有至少10°—35°的偏转，但这次是位于观测者身后了。

洋流

地面风的作用产生了各种各样的洋流，不过所谓的热盐环流对洋流也有重要作用。海水在格陵兰岛附近的北大西洋和南极洲威德尔海下沉（图 14），这是海水密度差异造成的，海水密度差异是由不同温度和盐度产生的。众所周知，大洋传送带中的高密度海水在全世界的深海中缓慢循环，最终（在 1000 年到 1500 年之后）上升并与北大西洋的表层流结合，完成循环。尽管洋流确实会将热量从低纬度地区输送到高纬度地区，但大气的贡献还是更显著的。就比如人们常说，西欧气候温和是因为北大西洋暖流中的水送来了温暖（北大西洋暖流是北大西洋洋流的一个分支，其本身又是墨西哥湾流的延续），但严格来讲这种说法是不正确的。大气输送的热量对温和气候的贡献比洋流要大得多。计算机模拟显示，如果没有落基山脉，北半球绕极涡旋中的罗斯贝波将会减弱，影响西欧的一连串天气系统将会有很大的改变，西欧的气候将会比现在冷得多。但西风输送的热量终归源于海洋表面，因此北大西洋暖流还是对西欧温暖的气候有间接作用。

大气环流和洋流总体上似乎与气候研究有关，而对我们经历的天气而言并不重要。实际上，现代天气预报的性质是，延续到未来三天或以上的预报都需要随时对地球的整体状况有准确的了解，包括了解海洋表面的温度。

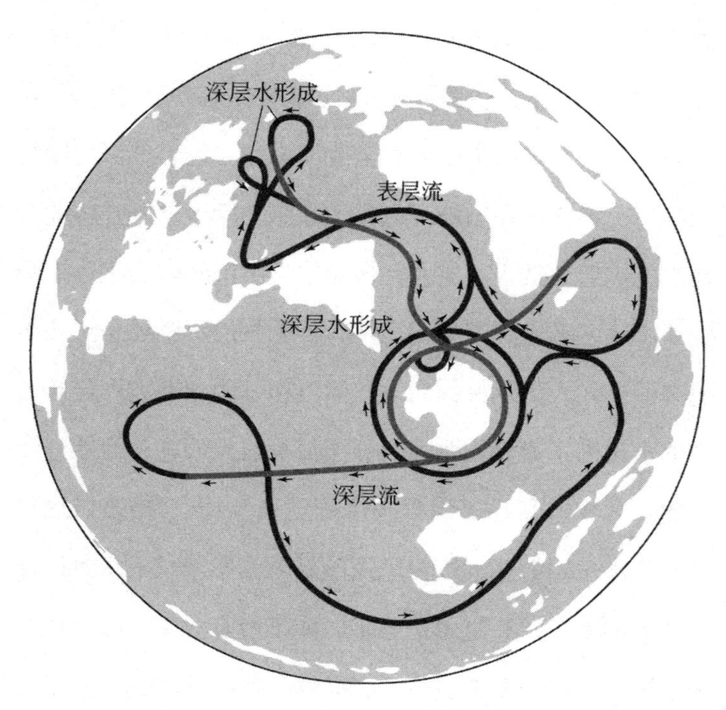

图 14. 以一种将海洋显示为单一水体的特殊投影法呈现的热盐环流（大洋传送带）。寒冷的高密度海水在北大西洋和南极洲外围的威德尔海这两个地方形成并下沉

第三章

全球天气系统

从中央供暖或有空调的家、办公室或商店这样的过于舒适的地方步入室外空气，室内外的差异带来的折磨几乎每个人都曾经历过。室外空气也许会又热又湿、又热又干、又湿又冷，或者完全是寒冷刺骨。空气的这些特征往往非常明显，我们很容易感受得到。有时，我们甚至在室内都能感受到活跃的天气系统造成的突变，而不那么活跃的天气系统也能在一夜之间或一天当中带来明显的差别。当一个气团取代了各方面性质截然不同的另一个气团时，就会产生这些变化。

气团

如果空气在地球某个特定区域的上空静静停留一段时

间，就会具有强烈依赖于其准确位置的两种特殊属性（温度和湿度）。这样的空气就叫作气团，而形成气团的地方叫作源区（图 15）。气团的水平范围通常横跨数百甚至数千千米。气团的纵深则强烈依赖于气团形成的地方，其范围可能从 1000 米左右到整个对流层的纵深。冷气团通常较浅，而较暖的气团会更深一些，因为加热会让暖空气膨胀，形成较高的气柱。在暖气团中，对流的作用是让温度和湿度在更深的一层空气中保持均衡。

气团有各种各样的分类体系，最常见的一种叫作伯杰龙分类。我们用大陆性（c）和海洋性（m）两大类别来描述源区是位于陆地还是海洋上空，以此表明空气通常是干燥的还是潮湿的。

应当注意的是，很多著作颠倒了标识每个气团的两个字母的顺序，通常也就颠倒了两个词的顺序，比如写成“cA”而不是“Ac”，即用“大陆北极”指代“北极大陆”。此处遵循的是英国气象局的惯例。

按照温度，气团可以分为四种不同类型：

- 北极型或南极型（A）
- 极地型（P）

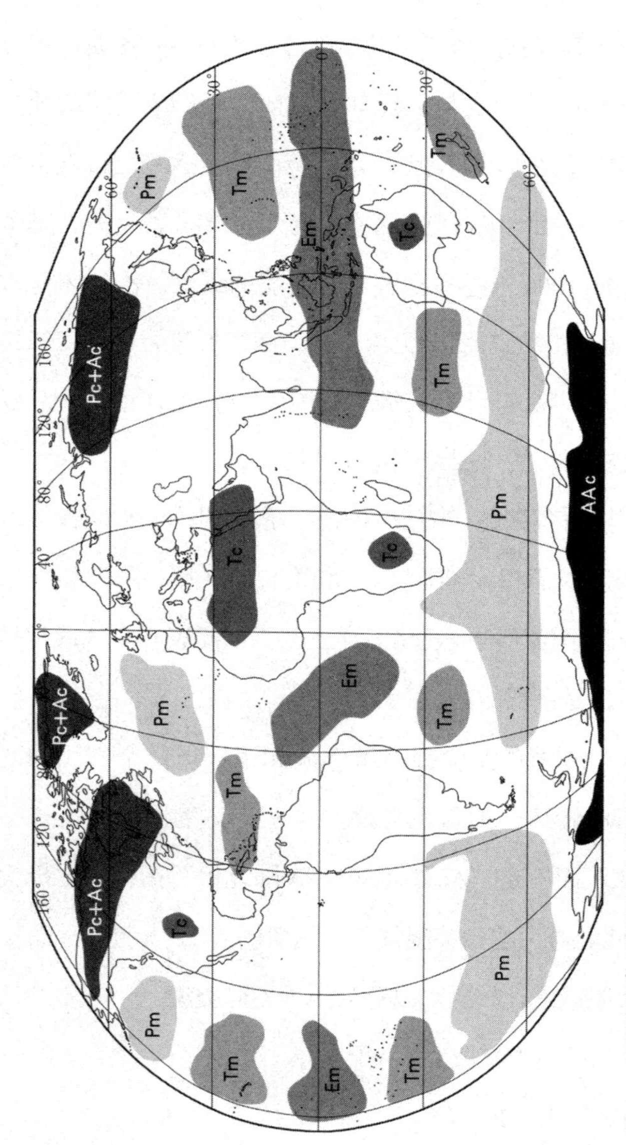

图 15. 不同气团主要源区的大致位置

- 热带型（T）
- 赤道型（E）

（如果需要区分南极型和北极型气团，则将前者标记为“AA”。）

组合起来，我们遇到的气团的主要类型有：

- 北极大陆型（Ac）　　极度干冷
- 极地大陆型（Pc）　　干冷
- 热带大陆型（Tc）　　干热
- 北极海洋型（Am）　　极度湿冷
- 极地海洋型（Pm）　　湿冷
- 热带海洋型（Tm）　　暖湿
- 赤道海洋型（Em）　　湿热

需要考虑的一点是，赤道气团在本质上总是海洋性（湿热）的，绝不会是大陆性（干燥）的。南极大陆气团（AAc）在南极洲上空全年存在，但与之对应的北极大陆气团（Ac）只有冬天才会在北极上空出现。

当一个气团离开它的源区时，它的温度和湿度一开始保持不变，但会逐渐被气团移动经过的下垫面的特性改变。如果气团经过海面，其底部的几层会因为蒸发变得更加湿润；但如果是干空气在陆地或大陆上移动很远的一段距离，其性质大体上会保持不变。温度和湿度的结合也会影响气团的稳定度，而稳定度也取决于气团的源区。极地气团和北极气团一开始很稳定，因为它们从底部被冷却；而热带气团和赤道气团不稳定，因为它们从地表获得了热量，容易产生对流和混合。稳定度的这一次要特征也会在气团经过下垫面的不同区域时发生变化。如果热带气团经过较冷的下垫面，最低一层的空气就会冷却，变得更加稳定。这样的冷却往往被局限在底层。与此相反，经过更温暖下垫面（比如海洋）的北极气团或极地气团会升温并变得不稳定。在这种情况下，由于对流的影响，任何的升温效应都会扩散到深得多的空气层中。例如，跨过海洋的北极大陆气团就会具有北极海洋气团的特征。稳定度、不稳定度与天气系统及云的形成之间的关系将在第四章详述。

锋面

温度和湿度不同的两个气团之间的界限叫作锋面，简称锋。锋面有三种不同的形式：冷锋、暖锋和锢囚锋。我们将在第五章论及特殊天气系统时描述最后一种锋，但前两种锋与此处有关。锋的确切类型取决于这两个气团（暖气团或冷气团）中究竟哪个在前进，并在天气图上用不同的符号区分（图 16），标示任何锋面在地面上的位置。尽管锋面在天气图上是用单线的形式表示的，但对锋面更准确的描述是“锋区”，也就是从一个气团到另一个气团的过渡区域，在两个气团之间有部分混合。锋区的宽度取决于两个气团本身的特性以及各自的天气系统，可能在 10 到 200 千米之间。与低压系统有关的锋面系统将在第五章详述。

虽然人们往往认为锋面是冷暖气团的交界处（因为我们最常见的锋面就是这种形式），但无论在哪里，只要两个气团的温度明显不同，就会出现锋面。例如，在南纬 60°—65° 的地方，有一个半永久性的南极锋，位于来自南极大陆内部的极寒气团（AAc）与再往北的极地海洋气团（Pm）之间。

北半球的冬季经常会出现北极锋，从格陵兰岛延伸到斯堪的纳维亚半岛北部，将极寒的北极海洋气团（Am）

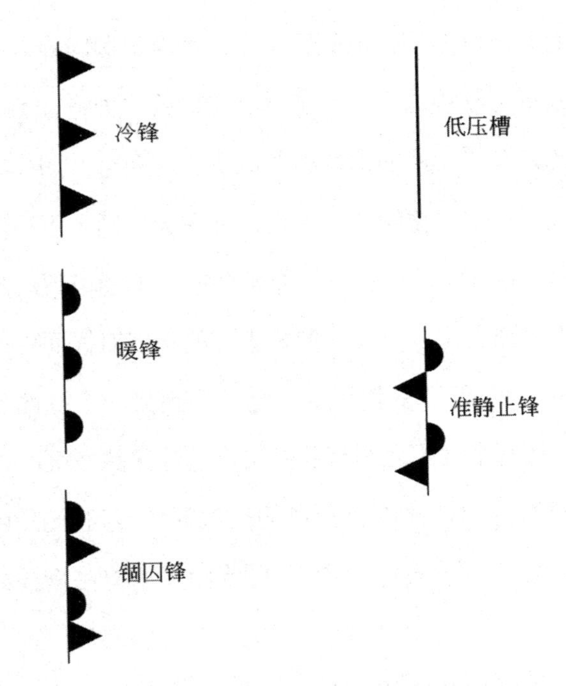

图 16. 地面天气图上用来标示主要锋面类型以及低压槽位置的符号

与寒冷的极地海洋气团（Pm）分开。一种类似的锋面（也叫作北极锋）常出现在冬季的加拿大上空，位于极寒的北极大陆气团（Ac）与极地大陆气团（Pc）之间。还有一类特定的区域锋也会出现，比如在一种附属气团和来自撒哈拉地区非常热的热带大陆气团（Tc）之间有时会形成地中海锋，该附属气团是由北边受热的极地海洋气团（Pm）

甚或是北极海洋气团（Am）组成的。在冬季，跨越这种特殊锋面的温差有时能达到 15 ℃。

在湿度不同的气团之间，还有一种略有不同的边界将它们分开。这样的“干线”常出现在北美中部，将来自墨西哥湾的湿润气团与来自美国西南各州沙漠地区的更干燥的气团分开，并与来自墨西哥湾的前进气团前方的暖锋分开。这条干线是在大平原产生恶劣天气（如超级单体、龙卷等，详见第七章）的重要因素。类似情形在印度北部以及世界上其他地区也很普遍，而且在那些地区也往往会导致恶劣天气。

极锋

我们在讨论全球环流时已经见过的两个极锋是极为重要的大气特征。影响地球温带的为数众多又极为多变的天气系统都起源于极锋，位于寒冷的极地气团与来自亚热带的暖气团的交界处。但是，极锋绝不是平直的，而是沿着第二章描述过的罗斯贝波，并以一系列波瓣环绕地球的。在任何特定的纬度，极锋处都有向极地前进的暖气团和向赤道前进的冷气团（图 17）。这些波瓣由一系列暖锋和冷锋组成，分别对应前进中的暖气团和冷气团，有时还伴随着准静止锋。当极地涡旋较弱时，这些波瓣就特别明显（图 13 下图）。

当波瓣扩张和收缩时，沿着极锋会出现连续的变化。极锋也会环绕地球缓慢向东移动，尽管有时候其中一个或

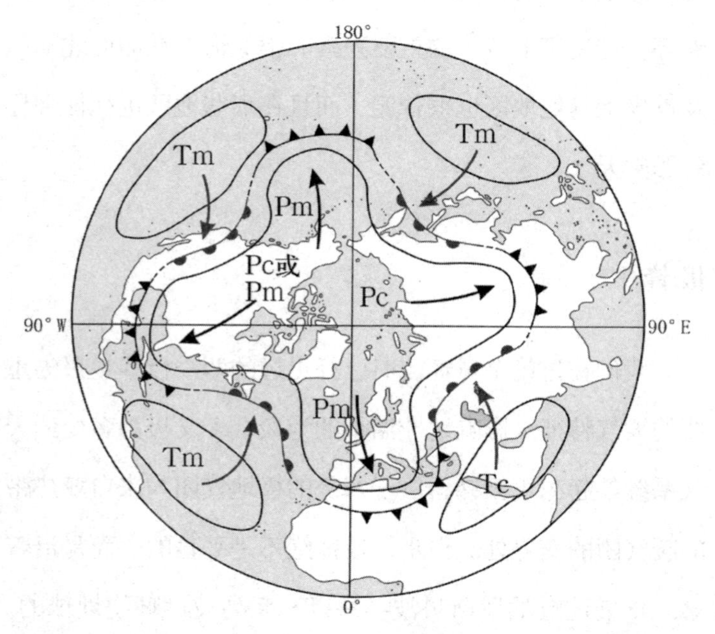

图 17. 北极涡旋附近波瓣及气团源区的程式化示意图，波瓣的高压脊与低压槽交替，暖锋与冷锋交替。黑色实线表示罗斯贝波的高速中心（急流）

多个会被“阻塞”，在特定地区很长一段时间内保持静止。在很偶然的情况下，极锋还会向西移动。边界很少会在很长时间内保持稳定，位置的小波动（叫作次波）多次出现，并在主流里向东移动。这些次波经常发展成低压（或低压系统，严格来讲叫作温带气旋）。正是这些天气系统以及与之相关的反气旋（高压区）造成了在地球温带遇到的极其多变的天气。

值得注意的是，在北美惯用语中，经常把低压（温带气旋）称为“风暴”（storms），而不是“低压系统”（depressions）或“低压”（lows）。世界上其他说英语的地区则往往专门用“风暴”一词来指规模更小的剧烈天气（如雷暴或暴风），或特定的破坏性事件（如 1987 年 10 月影响了英格兰南方大部分地区的风暴）。10 级风暴也是蒲福风级中一个具体的量级[1]（见附录 A）。

2015 年，在“给我们的风暴起名”项目中，英国气象局和爱尔兰气象局决定给预想中的恶劣天气事件赋予特定的名称。

1　蒲福风级中第 10 级的英文表述为 storm，与此处“风暴”的英文表述为同一单词，但在蒲福风级中通常被翻译成“狂风”；第 11 级的 violent storm 被翻译成“暴风”。

急流

在对流层上部或平流层中温度变化特别剧烈的地方，有一股狭窄的高速气流，这就是急流。急流可能长达数千千米，宽数百千米，深几千米。根据具体情况，在大致高度风速超过 25—30 米 / 秒（90—108 千米 / 时）的任何一种风，都可以被视作急流。有史以来记录到的风速最大值是 656 千米 / 时，是 1967 年 12 月 13 日在外赫布里底群岛的南尤伊斯特岛上空测得的，虽然人们相当怀疑那次测量的准确性。部分急流的位置已在图 8 中标示出来，但对地面天气影响最大的两股急流（南北半球各一股）是极锋处的急流，也就是寒冷的极地气团与温暖的热带气团交汇的地方。这两股急流位于 9—12 千米（30,000—39,000 英尺）的海拔高度，在极锋的副热带一侧，对流层顶在这里中断了。北半球极地急流和副热带急流的位置如图 18 所示。

极锋急流

跟一般的西风气流一样，急流绕着整个地球穿行，但

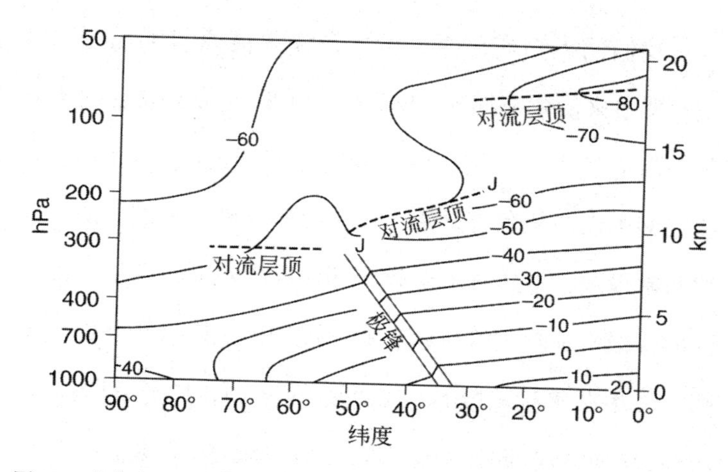

图 18. 北半球西风向极锋和副热带急流（J）的大概位置。典型气温是按大气中不同高度给出的。注意从北到南穿过极锋时气温的跃变

由于其自身的特性，急流是不连续的，而且你也许能预想到，急流的速度会沿着其长度发生变化。随着曲率和速度的变化，急流会造成高空空气的辐合和辐散，原因复杂，超出了本书的范围。比如，我们已经注意到，在低压系统中，地面和高空分别会有辐合和辐散，急流的作用则可能会增强或减弱这些效应。急流可能会使低压增强（增加地面的气压梯度，使等压线更密集，风更大），也可能刚好相反。急流也可能会作用于低压系统的路径上，引导低压系统前往纬度更高或更低的地区，我们称其为“引导气流”。

我们已经知道，西风带和极锋急流通常都是纬向气流，严格来讲就是纬向指数高，但有时（尤其是在北半球冬季风力较大时）它们会在经向方向表现出较大的偏离。这些偏离往往从东边开始，然后向西发展。它们可能会变得非常极端，导致气流破碎，即纬向指数低，在低纬度地区形成极冷的封闭低压，在高纬度地区则形成极暖的阻塞高压，困在急流蜿蜒的地方动弹不得（图 19）。有时，急流还会向两极收缩，留下困守原地、孤立的阻塞高压区或低压区（“切断高压”或“切断低压”）。这样的切断特征会给下方区域带来持久不变的天气。切断低压会产生异常的低温和罕见的降雨，切断高压则会带来干旱环境。

阻塞情形可能会持续一段时间。例如冬季位于斯堪的纳维亚半岛的阻塞高压常常将极冷的北极气团向南向西带到西欧和不列颠群岛上空（图 20）。只要有这样的阻塞高压出现，就往往会将从西边来的任何低压系统都引导到纬度比正常纬度更高的地方。

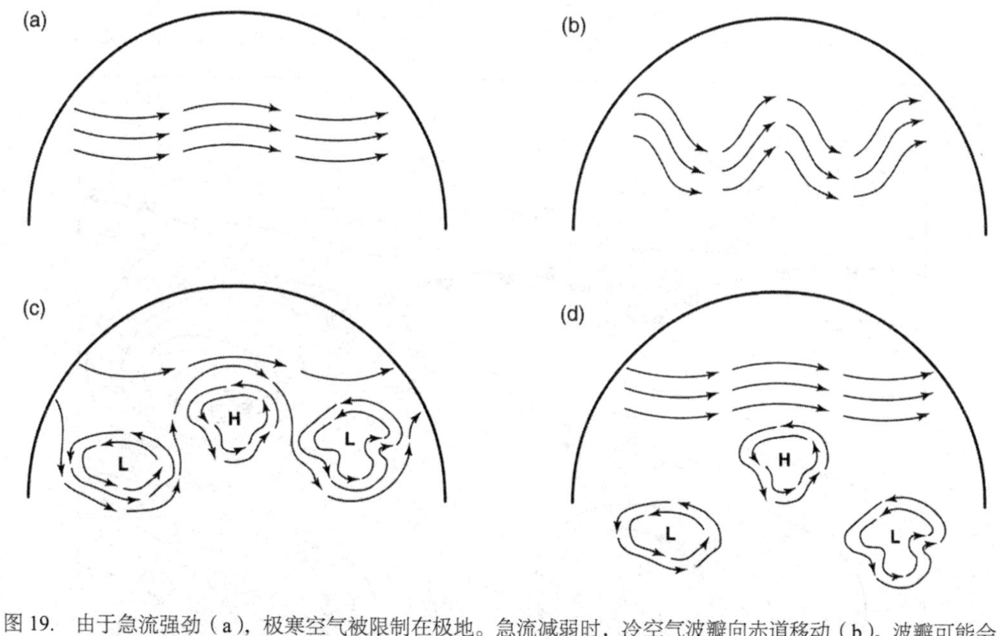

图 19. 由于急流强劲（a），极寒空气被限制在极地。急流减弱时，冷空气波瓣向赤道移动（b）。波瓣可能会变得很极端（c），产生与正常位置相比更能深入北方或南方的暖气团和冷气团。急流可能会向极地撤退（d），留下“切断”低压系统和“切断”高压系统

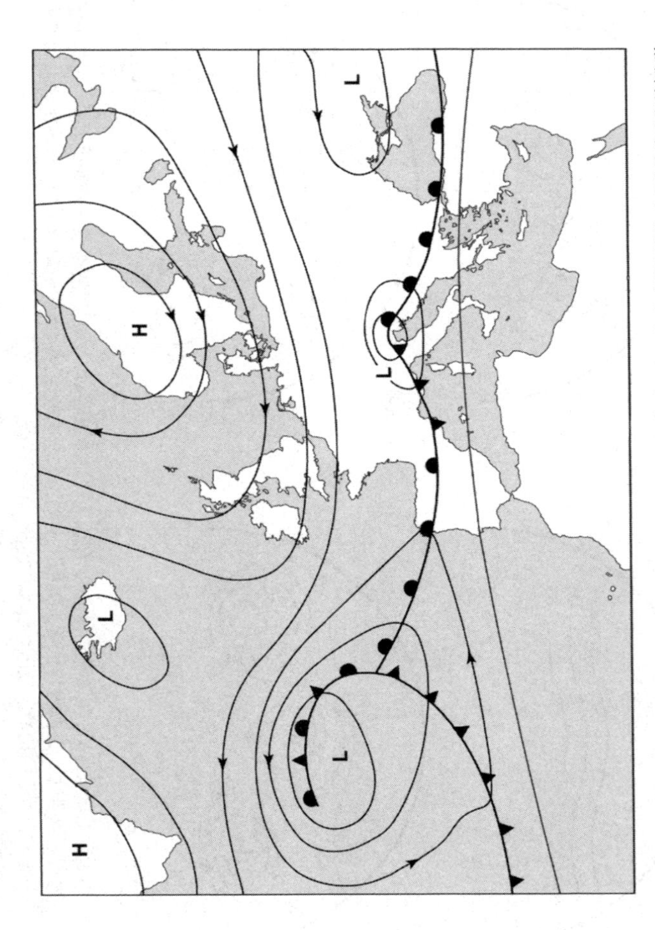

图 20. 北半球冬季斯堪的纳维亚半岛上空典型的阻塞高压。这个高压系统在西欧和不列颠群岛上空产生了很冷的北极气团的持续气流。箭头所指为地转风而非地面风

副热带急流

副热带急流比极锋急流要弱一些，所在高度更高（10—16千米，即32,000—52,000英尺），位于南北纬25°左右的地方。在这里，对流层顶高度的突变甚至更显著（参见图18）。

其他急流

还有其他急流。在北半球夏季，有时会在东半球的亚洲上空形成一股热带东风急流（叫作赤道急流），位于北纬10°左右的地方，高度为15—20千米（50,000—65,000英尺）。这里的气温与赤道地区上空最冷的空气形成了极其鲜明的对比，对流层顶在这里也最高。这股急流不会延伸到西半球。

还有另外一种宽的、弱的急流（非洲东风急流），形成于北半球夏季，位于西非上空，纬度与热带东风急流类似，但高度要低得多，只有4—5千米（13,000—16,000英尺）。这种急流对非洲上空西南季风的发展有重要意义（见第六章），并且也会影响所谓热带波的产生，而从热带波开始的天气过程可能会产生能变成北大西洋上空热带气旋（飓风）的天气系统（见第七章）。

其他急流也可能会在很高的地方形成。例如有一种极夜东风急流，包围了极地涡旋（第二章述及）朝向赤道的边界并使之成形。这种急流在冬季形成于冬半球的平流层，在南北纬 60° 左右的地方环绕地球，高度为 25 千米（80,000 英尺）左右。

第四章

大气中的水

在太阳系的行星中，地球因为拥有大量的水而显得独一无二。水的特性是决定天气的举足轻重的要素。而水之所以在很多大气过程中都起到极为重要的作用，主要是因为在地球上经常出现的温度中，水容易以三种不同的相态（冰、液态水和水汽）存在。冰和液态水大家都非常熟悉，但水汽却是一种看不见的气体。也许大家都曾注意到，在沸腾的水壶的壶嘴与白色蒸汽之间有一段明显的间隙，这段“间隙”实际上就是由看不见的水汽组成的。水汽只有在凝结成小水滴之后，才能变成肉眼可见的白色蒸汽。知识窗 4 描述了水在大气中存在的形式。

水汽和液态水有一个重要的特性，就是有潜热。要理解这一特性，最简单的方式是设想眼前有一定量的冰。将这些冰融化成液态水需要热量，而液态水蒸发成水汽需要的热量则更多。在相反的过程中，水汽凝结成液态水，以及液态水冻结成冰的时候，会释放出热量，也就是潜热。这些变化（不论两个方向上的哪个）都叫作相变，其伴随的以热量形式对能量的吸收和释放对很多大气过程都非常重要，比如云的形成过程。保护植株不受轻微霜冻影响的一种办法是往这些植株上面喷一层细细的水雾。水滴冻住时就会释放出潜热，可以防止植株本身冻伤。冰也可以直接变成水汽，这个过程叫作升华。在气温低于冰点时，要想让衣物变干，一种理想的方式是挂在阳光下晾晒。水会结冰，但随后会直接变成水汽，衣物因此就可以干透了。反过来，水汽也可以不经过液态水这个步骤，直接经过相变成为冰。这个从气态到固态的变化过程也叫升华，这也许会让人摸不着头脑，不过有时我们也称其为凝华。从水汽直接变成冰的过程经常发生在地面上的物体结霜的时候，也跟高层大气中冰晶的形成有很大的关系。

知识窗 4　空气不能“含有”水

有一种很常见的误解是，空气“含有”水汽，就好像空气是海绵一样。但实际上，特定体积的气体——比如说 1 立方米——在特定的温度和压力下，无论气体如何混合而成，含有的分子数都是固定的。这就是阿伏伽德罗定律，是意大利物理学家阿梅代奥·阿伏伽德罗（Amedeo Avogadro，1776—1856）在 19 世纪初发现的，因此以他的名字命名。如果空气完全干燥，且我们忽略痕量气体，那么空气中只存在氮分子（N_2）和氧分子（O_2）。对任何给定体积的空气来说，每加进去一个水汽分子（H_2O），就会有一个氮分子或氧分子不得不离开。这就导致了一个乍看上去貌似反常，也令很多人难以置信的情形：潮湿空气比干燥空气要轻。

我们不妨简单假设一下：特定气体每个分子的分子量都相同，一个氢原子的原子量是 1，氮原子是 14，氧原子是 16。一个氮分子（N_2）的分子量是 28（2×14），氧分子（O_2）的分子量是 32（2×16），而水分子（H_2O）的分子量是 18（2×1+16）。氮分子和氧分子的分子量都比水分子大。因此，一个水分子无论是取代了一个氮分子还是一个氧分子，潮湿空气总是比干燥空气轻。由于空气由约 78% 的氮气和约 21% 的氧气组成（也就是说，二者的比例大致为 4∶1），五个水分子（总分子量为 90）一般来说会取代四个氮分子和一个氧分子（总分子量为 112+32=144）。如果互相接触的两个气块温度相同，但湿度不同，那么潮湿气块由于密度较低，就往往会抬升至干燥气块的上方。

举一个大气层中出现这种情形的例子：来自撒哈拉沙漠炽热、干燥的气团在一种被称作西洛可风的风中北上，当穿过地中海并遇到潮湿的地中海气团时，热风一开始会贴近海面，而不是抬升至温度较低的地中海气团的上方。

湿度与饱和

如果液态水可以随意获取，那么空气中水汽分子的数量（即湿度，见知识窗 5）就完全由温度决定。所有固态和液态物质都会从其表面流失蒸气，这个过程叫作蒸发。

这种蒸气所含原子或分子有足够高的能量，可以从相关物质的表面逃离。设想一个密闭容器，初始时内有干燥空气和液态水。液态水中水分子的速度完全由温度决定：温度越高，分子运动越快，更多分子就能蒸发进入空气中，直至进入与离开空气的分子数量之间达到平衡。这时候的湿度为 100%，空气就达到了所谓的饱和状态。在冷却过程中，通过凝结进入水中的分子比从水中蒸发的分子更多，直至再次达到平衡。如果容器大小可变，空气体积就会在加热和冷却过程中膨胀和收缩，如第二章所述。水汽和冰之间也有类似关系。

知识窗 5　湿度与混合比

人们经常混淆跟湿度有关的术语。

比湿是水汽质量与该团空气的总质量（也就是空气加上水汽的总质量）的比值。

质量混合比是水汽质量与其所在空气中干空气质量的比值。虽然严格来讲是个比值，但这个数值经常会表示为克水汽每千克空气。

相对湿度是实际的水汽含量与该特定温度下达到饱和时的水汽含量的比值。这个数值通常表示为百分比。它是在面向公众的天气预报中最常用到的词，因为它提示了大家可能感受到的不适程度。

如果含有水汽的一个气块开始冷却，那么气块最终会达到所含水汽凝结成液滴的温度，这一温度叫作露点。如果气块接触到物体表面，液滴就会以露水的形式凝结。如果远离物体表面，液滴就只会形成于有细微颗粒物存在的情况下。这种颗粒物叫作凝结核，在大气中非常多，因此凝结过程很容易以云或雾的形式发生。冻结的情形与此不同，只有特定形状的颗粒物才能充当冻结核。如果没有这种颗粒物——这在高层大气中时有发生——水汽和云滴可在远低于 0 ℃的温度下存在，这时我们就称之为过冷水。只有当温度下降到 -40 ℃时，过冷水才会自发结冰。

空气一般都不会完全饱和，但会在冷却过程中达到饱和。当空气与寒冷的物体表面接触而失去热量，或当气压降低让空气膨胀并冷却（正如我们已经看到的），空气被迫抬升时，就会出现这种情况。第一种过程发生在一层与地面接触的空气在夜间降温，到达露点，水汽随之凝结成雾或霭的时候。空气可通过以下四种不同方式的任何一种被迫抬升：

- 对流：阳光加热地面，导致暖气块（热泡）抬升。
- 被迫上升（地形抬升）：风迫使空气抬升至高地上空。
- 锋面抬升：较冷的空气冲蚀暖空气底部，暖空气被抬离地面。
- 辐合：空气从不同方向进入限制区域（例如低压系统的低压中心），无法堆积起来，只能被迫抬升。

气温直减率、稳定度和不稳定度

虽然我们已经看到，从地面到对流层顶的气温总体上会降低，但可能会与随着高度的平稳下降有大幅度偏离。气温随高度的实际变化叫作环境直减率（ELR），可以用无线电探空仪（就是携带一组仪器的气球）来测量。这样的气球由世界各地的气象站在特定时间放飞，揭示大气的温度和湿度廓线。

温度高于周围环境的干（未饱和）气块会抬升、膨胀，并以通常所称的干绝热直减率（DALR）冷却。（“干”的意思是没有发生凝结，“绝热”的意思是气块没有与周围环境发生热量交换，气块是热的不良导体。）干绝热直减率等于 9.767 ℃ / 千米，比我们在第一章提到过的、对流层中典型的整体直减率约 6.5 ℃ / 千米要大。气块能抬升到多高，完全取决于周围空气的温度。如果环境直减率小于干绝热直减率（ELR<DALR），上升的气块就会比周围空气冷却得更快。到两者温度相等时，气块的浮力消失，气块也就停了下来。如果气块被迫抬升至更高的地方，比如被风吹至山脉上空，它就会变得比周围空气更冷，而且往往会下沉（要是在此过程中气块还没有达到饱和状态的话），回到遭遇阻碍之前的高度。这种情况就叫作稳定，如果气块在这个高度达到了露点，就会形成云。如果没有对流，形成的云就会是成层的（层状云），云底位于凝结高度，云的厚度也有限。这种云通常叫作层云，它们经常会覆盖在山丘、高山和孤岛的顶部。

但是，如果情况相反，即环境直减率大于干绝热直减率（ELR>DALR）——这也部分依赖于相对湿度，那么气块虽然在膨胀、冷却，但温度还是比周围空气高，气块会继续抬升。这种情况就是不稳定，会形成积状云，特别是积云和积雨云。气块的上升速度甚至可能越来越快，尤其当气块达到了露点，开始凝结时。气块中释放出来的潜热令气块与周围空气的温差加大，使之抬升得更快。气块这时会以饱和绝热递减率（SALR）冷却，根据具体情形，这个值位于 4 到 7 ℃ / 千米之间。温度较高时，会有更多水汽凝结，释放出更多潜热，因此饱和绝热递减率的数值会小一些，温度随高度的降低也较慢。温度越低，水汽越少，可以释放的潜热也越少。

如果降水以雨、雪或冰晶形式从云中落下，热量就会因为降水而流失。气块可能会继续抬升，但这时是以“假绝热”直减率冷却的，这个值略高于饱和绝热递减率。

第二章曾提到，最靠近地面的薄薄的一层大气会受到地面的极端加热，产生的气温直减率比干绝热直减率要大得多。这么高的直减率叫作“超绝热直减率”。

空气下降时也会以适当的速度升温。如果空气被迫抬升至山顶但没有出现凝结，那么在下降时就会以干绝热直减率升温。与此类似，在山顶上空形成但没有产生降水的云，会随着空气在背风坡一侧下降而蒸发，一开始是以饱和绝热递减率升温的。如果有降水从气块中带走了水和热量，下降时以干绝热直减率升温的时候就会比没有降水的情形来得更快，而且在任意给定高度，空气的温度都会比抬升时高得多。这是焚风的成因之一，我们将在第八章详述。

经常出现的情况是，降水以雨或雪的形式落在一条山脉或山丘带的迎风坡一侧，因此水分大多都在这一侧降下，很少有降水落在背风坡一侧。这就形成了“雨影区”，在高山或山丘的下风向很常见。如果盛行风是西风——温带地区大部分都是这样——那么山脉（乃至高度尚可的山丘）东部的环境通常都要干燥得多。

雨的由来

随着气块继续抬升，最终会达到一个温度降至冰点以下的高度，这个过程叫作冰化。前面我们曾提及，凝结核在整个大气中都大量存在，但冻结核远远没有那么常见，因为它们必须具备特定形状才能让水分子冻结在上面。冻结核由于相对少见，常常会使云滴过冷，大部分冰晶（全都是六边形的）在温度略低于 0 ℃时形成。不同类型的冰晶在十分确切的温度范围里产生，但最有效的冻结核会在 −10 ℃到 −15 ℃的范围内促进冻结。很多不同形状的冰晶在不同的温度范围里产生，如表 2 所示。

表 2　冰晶形状

形状	温度范围	图形
平盘状	0 ℃到 −4 ℃	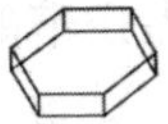
针状	−4 ℃到 − 6 ℃	
中空柱状	−6 ℃到 −10 ℃	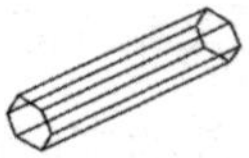
扇盘状	−10 ℃到 −12 ℃	
枝状	−12 ℃到 −16 ℃	
扇盘状	−16 ℃到 −22 ℃	
中空柱状	−22 ℃以下	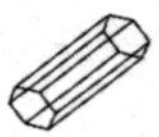

枝状冰晶就是我们经常称之为“雪花”的类型，在圣诞节这种形状的设计随处可见。扇盘状由六个没有分支的平盘结合成星形。只有在气温非常低的时候，这些形状的冰晶才能完好无损地抵达地面。通常落下的雪花实际上是由很多独立的冰晶冻在一起组成的，直径可达几厘米。

云滴非常小，直径一般约为 20 微米，因此往往悬浮在空中，很少能通过与其他云滴碰撞而增长。最小的雨滴直径约为 2 毫米，因此就算要形成最小的雨滴，也需要大概 100 万个云滴。因此，降雨究竟是如何引发的，这一直是个谜，直到瑞典气象学家托尔·伯杰龙（Tor Bergeron）提出，冰化是降雨的主要成因。他的理论后来经过芬代森（W. Findeisen）的发展，现在通常叫作伯杰龙–芬代森过程或伯杰龙–芬代森过程，甚至是魏格纳–伯杰龙–芬代森过程。最后这种叫法是为了纪念气象学家阿尔弗雷德·魏格纳（Alfred Wegener）的贡献，不过他最为人所知的成就是在地质学领域提出了大陆漂移学说。

温带地区和极地的大部分降雨都起源于在云的上部通过冰化作用形成的冰晶。冰晶消耗过冷水滴，让自身不断生长，最终达到足够的重量而降落。然后，冰晶可能会撞上更多的过冷水滴，它们一与冰晶接触就立即冻结。冰晶降落到较为温暖的气层中之后，最终会融化为雨滴，并通过与其他水滴碰撞而继续生长。雨滴下落时，往往会呈现为扁平的“小圆面包”的形状，如果雨滴太大了，还会碎裂成较小的水滴。有记录以来的最大雨滴直径约为 10 毫米，但大部分雨滴都要小得多。

很多年来，人们一直都认为，伯杰龙冰化过程能解释所有形式的降雨，直到后来人们认识到，带来强降雨的很多热带云都没有达到冻结高度。人们发现，在对流极为强烈的情况下，云滴的碰并过程确实会发生，液态水从而生长为雨滴。现在我们知道，并合过程在夏季的一些温带云中会发生，比如积雨云和深厚的浓积云。

人们有时很严肃地将冰化和并合这两个过程分别称为“冷雨”和“暖雨”过程。

云

云有十种主要类型（属），可以根据云的高度和结构来确定。三个高度范围（专业术语叫作族）已经得到正式确认：低云的云底高度为从地面到 6500 英尺（约 2000 米）；中云的云底高度为 6500 英尺到 20,000 英尺（约 6000 米）之间；高云的云底高度为 20,000 英尺及以上。当然，云底高度是指气块达到露点并开始凝结的高度。

表 3 给出了十种云的类型以及各自出现的高度，但是我们也应该注意，在高纬度地区和在冬季，云底往往更低。对云的不同类型所作的简明描述见附录 B。

表 3　云的类型

高云（云底高度为 20,000 英尺及以上）		
卷云	卷积云	卷层云
中云（云底高度为 6500 英尺到 20,000 英尺之间）		
高积云	高层云	雨层云
低云（云底高度低于 6500 英尺）		
积云	层云	层积云
延伸跨越多个高度范围的云		
积雨云		

低压系统中主要的降雨云——雨层云虽然被归类到中云，但是也会向下延伸，基本上能一直延伸到地面。积雨云指带来阵雨的云，其云底可能很低，但常常会向上延

伸，直到 60,000 英尺高的对流层顶乃至更高。很多时候，在云塔到达对流层顶的逆温层时，云向上的生长就停下来了，然后会向外延展，形成典型的砧状（图 21）。特别活跃的积雨云单体可能会拥有足以穿透对流层顶的能量，在平流层底部形成云的圆顶，叫作“过顶”。

图 21. 砧状积雨云。两个积雨云云体到达了对流层顶（实际上是冬季较低的对流层顶）的逆温层，并向外延展，形成典型的“砧”状（根据拉丁语中的“铁砧”一词命名为“砧状”积雨云）

虽然在这里我们没有必要讨论细节，但是跟给动物和植物分类的方式类似，云的每种类型（雨层云是一个例外）都可以依据结构和一般特性再细分为种和变种。

总体来讲，云被分为两大类：积状云，或者说堆积而成的云；层状云，或者说成层的云。积状云经对流产生，包括积云、积雨云、层积云、高积云和卷积云。层状云一般因潮湿气层的抬升而形成，包括层云、雨层云、高层云和卷层云。有时候也公认还有第三个大类——卷状云，包括卷云、卷积云和卷层云这些冰晶云。

层积云、高积云和卷积云也是叠层出现的，但会被微弱的对流破碎成块状、卷状或片状云形式的一朵朵碎云。因此，这些云被认为同时具有层状云和积状云的特征。

层积云、高积云和卷积云的云层通常是在上升空气遇到逆温而无法进一步向上运动时形成的。这时空气往往会在逆温层下方散开，如果达到了露点，就会形成一层云。如果对流继续进行，这一朵朵碎云就会四散开来，再合并成连续的云层，变成层云、高层云或卷层云。

云的形成

地面受热产生热泡，通过这种形式的对流，就可以发展出积状云，尤其是积云和积雨云。与此类似，当热泡抵达逆温层或稳定层并且上升空气四下散开形成一朵朵碎云时，常常就会出现层积云、高积云和卷积云。碎云被其边缘的纯净空气分隔开来，在这里，环流导致空气下降。但是，如果云层的顶部向太空辐射热量，那么层状云也可以发展成这三种类型的云。冷却后的空气会下沉，将云层破碎成零散的区块。一种完全相同的“颠倒对流”机制会产生乳状云，经常能在积雨云突出的砧的下方看到这种严重下垂的袋状云。

很明显，当梯度风迫使潮湿气块抬升至高地上空，在抬升过程中达到凝结高度时，云就会出现。空气在此高度是稳定还是不稳定的，这充分决定了云接下来的表现。如果空气稳定，云常常会在障碍物的背风坡一侧随着空气下沉而消散。在下风向经常会形成上升和下降空气的一连串波动，而波峰处常常形成云（图 22）。这样的波列和波状云可能会在高地的下风向绵延数千米（图 23），这一串云在卫星图像上也经常清晰可见。

空气如果不稳定，就可能会在高地的初始推动力作用下继续抬升。这样一来，山峰上空就可能积聚起积云或积雨云。高地上空积聚成的积雨云尤其可能带来倾盆大雨，

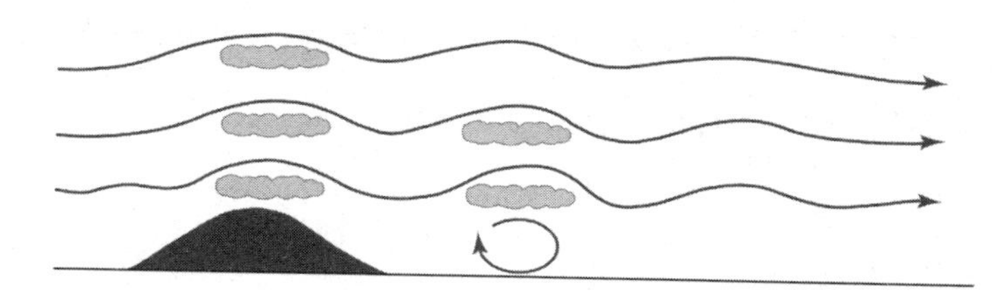

图 22. 空气翻越山丘带时，在下风向会形成波动。如果空气潮湿，在波峰处就会出现波状（荚状）云。有时在最高的波下面可能会形成风轮，地面风的风向在这里逆转

图 23. 荚状高积云。远处的山丘（图的左侧未显示处）造成了波动，波峰处形成了荚状高积云。图中可见与此类似或更高的云的迹象，以及更低的积云和层积云

有时还会引起毁灭性的暴洪。在美国，以这种方式形成的极具毁灭性的暴洪总是突如其来，造成大量人员丧生。还有一个幸而没有造成伤亡的例子发生在 2004 年，当时英

国康沃尔半岛中心的高地上空发展起积雨云，由此带来极端降水，引发了席卷博斯卡斯尔的洪水。

云街

卫星图像（图 24）上经常会出现一种引人注目的云的模式，叫作云街，更正式的名称是水平对流卷涡或水平滚动涡旋，是大体上平行排列的积云或积云类型的云。在卫星图像上的空气离开陆地来到海上的位置，云街就尤为

图 24. 因冷空气吹在温暖的水面上而形成于黑海上空的云街。来自美国国家航空航天局（NASA）水卫星的图像

明显。这种云线在地面上也能看到（虽然没那么清晰），也会形成于陆地上空，而且常常与特定的热泡源地联系在一起；热泡产生一系列云，被气流带往下风向。形成高度规则的卷涡模式的过程很复杂，我们现在仍然所知甚少。这些卷涡形成于行星边界层内，而且会被逆温层笼罩。相邻云涡中的空气旋转方向相反。在空气抬升的地方形成云，空气下降的地方云就会消散，露出晴空。

第五章

天气系统

在温带地区，比如不列颠群岛这样的地方，最显著的天气变化，包括风力、风向和降雨量的重要变化，都与低压系统过境有关，低压系统更正式的名称是温带气旋。当然，发生的具体变化将取决于低压中心的实际轨迹。正如我们在第三章曾提到的，低压系统的路径以及它是会增强还是减弱，取决于其上方任一急流的具体路线，以及相邻任一高压系统的位置，尤其是阻塞高压的位置。

人们一般认为，云量、风向和降雨量的变化与暖锋或冷锋的推进有关，但在静止锋上也可能会有大量的云出现，这或许有点出人意料。锋面本身或许没有移动，但两个气团之间的边界却很少会是垂直的，暖气团通常位于冷气团边缘的上面，这样就会让较暖的气团充分冷却，使其温度下降到露点，云就形成了。两个气团还可能有局部混合，这也有助于形成云。

但对于活跃的低压系统，虽然无论低压中心是经过观察者所在位置的北边还是南边，抑或正上方，都可能产生大量降水（雨或雪），但就北半球而言，最强风往往出现在低压中心的南侧。此外，降雨强度和风力也取决于低压系统在其演化过程中发展到了哪个阶段。

低压系统的发展

北半球低压系统（低压中心）发展方式的理想化示意图如图 25 所示。准静止锋上的天气情况长期来看并不稳定，因此经常会发展出小的波动。锋面上这样一个初始的不稳定扰动（次波）（图 25a）产生了明显的暖锋和冷锋（图 25b）。一个闭合环流围绕低压中心形成，而一个明显的三角形特征在推进的暖锋和紧随其后的冷锋之间形成，叫作暖区（图 25c）。暖锋的空气抬升至较冷空气的上方，向北、向东移动；冷锋密度更大的冷空气则冲蚀暖空气底部，向北、向西移动。冷锋推进速度比暖锋快，最后会赶上暖锋（图 25d），将暖锋抬离地面，形成锢囚锋。锢囚锋处有三个不同的气团，温度各不相同。一片暖空气悬在空中。这三个锋面交会的地方叫作三相点。

在气象学中，“三相点”这个词有三种不同的用法。其一就是像这里一样，表示三个锋面系统交会的地方。另一种用法表示一种物质的三个相态（固态、液态和气态）同时存在的一个独一无二的温度，这在讨论水在大气中的行为时非常重要。对于水来说，三相点的科学定义为 273.16 K（0.01 ℃），略高于冰点和融点 273.15 K（0 ℃）。这个词的最后一种用法出现在热带气象学中，描述的是三个不同气团彼此接触的位置。这样的位置有助于生成热带气旋，这种用法将在第七章讨论。

最后，随着差不多整个暖区都被冲蚀，系统开始衰减（图 25e）。低压系统“填充”，中心气压值升高。一般来讲，极锋已经推进到低压系统后面更南的地方，下一个低压可能会在纬度更低的地方形成。最终，这一连串演替停止，极锋在纬度更高的地方重新建立起来，整个过程由此周而复始。锢囚锋和衰减系统的卫星图像如图 26 所示。

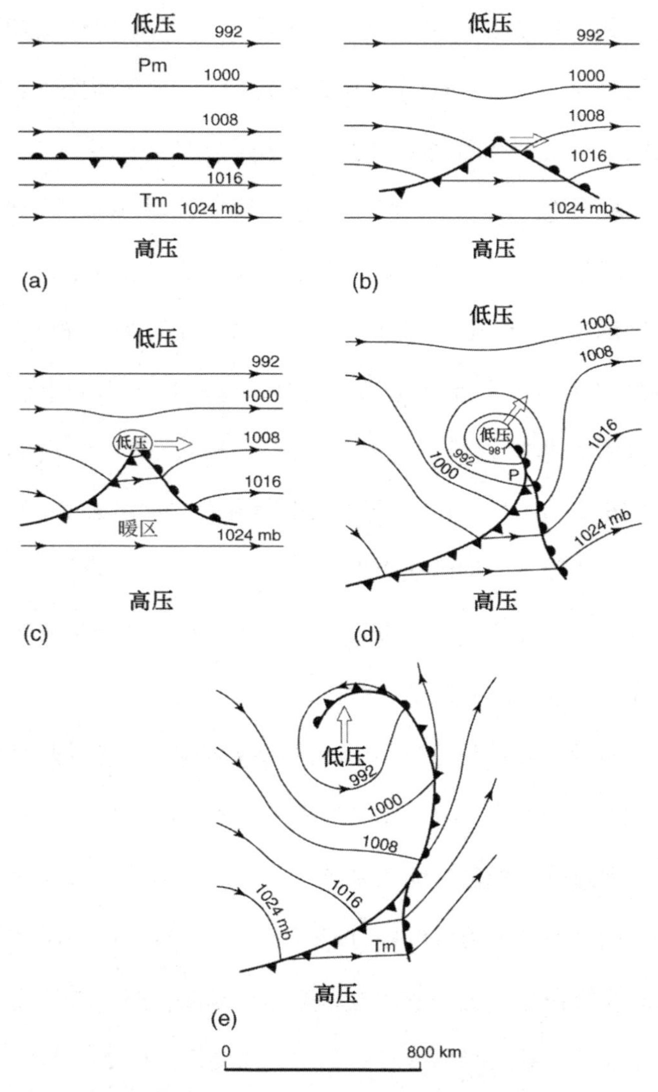

图 25. 低压系统（简称为“低压”）演化过程的理想化示意图。不同阶段的演化细节参见正文

图 26. 西欧上空低压系统的气象卫星照片，拍摄于 2016 年 3 月 28 日。意大利和喀尔巴阡山脉上空的云团位于暖锋上，冷锋后面的对流云也清晰可见，还有产生低压中心的锢囚锋

在普通的偏西气流的裹挟下，整个低压系统通常会向东并略向北移动，且一般大致与暖区的等压线平行。但是，如果有强次级低压在曳式冷锋上形成，两个低压中心往往会互相环绕着旋转，次级低压中心东进，而早先的那个正在衰减的低压中心可能会回首西行。多数情况下会出现一整族的低压系统，一个跟着一个向东移动（图 27）。这样的低压系统形成于急流南侧（当然是在北半球），急流本身会发展成 S 形，覆在每一个低压中心的上面。急流中的高空卷云经常是低压系统即将到来的预警信号，因为人们可以观察到它们在暖锋来临很早以前就向东或东南快速移动。这种云的走向常常与暖锋大致平行，但是会与地面风向（可能会是南风或西南风）"相交"，有时甚至会成直角。这一"侧风"因素是低压系统即将来临的另一个标志。

在最初阶段（图 25b），当波动开始在极锋上形成，气流开始穿过等压线时，风还很小。在经典的锋面系统中，暖区里的空气在两个锋面上都会抬升，严格来讲叫作"上滑锋"。如果暖空气下沉，可能会出现形成较弱的系统（"下滑锋"）的情况，我们稍后会详述。"上滑"

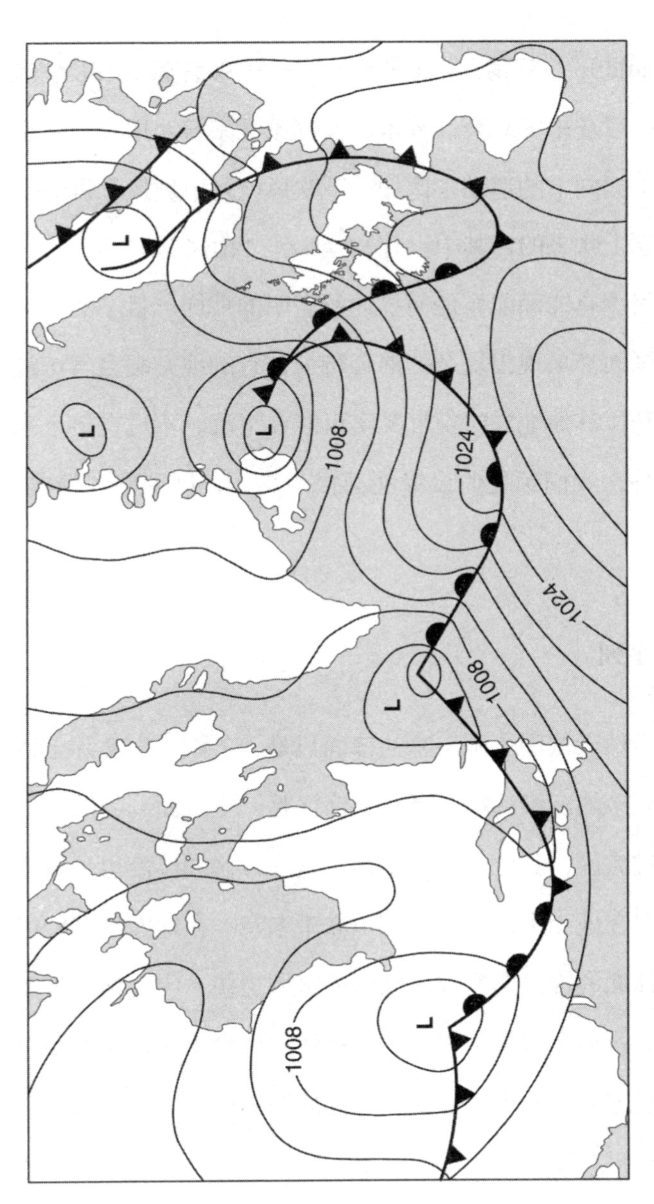

图 27. 在极锋上形成的处于不同发展阶段的低压系统族

（anabatic）、“下滑”（katabatic）——两者都源自希腊语——以及相关复合词等术语被气象学家普遍用于描述空气向上或向下的运动。比如，下吹风就是下坡风，也许是从冰原上吹来的，其中也有一些叫作“山风”。

很少有锋面能像任何描述所表明的那样一目了然，大部分锋面都呈现出复杂的混合特征，有的地方暖空气可能在抬升，其他地方暖空气其实可能在下沉。不过在接下来的部分，我们预先假设锋面都相当均一，展现出“经典”结构。

低压序列

虽然天气图上画出来的锋面只是一条线，但实际上锋面有复杂的三维特征。倾斜的锋区是一个气团到另一个气团的过渡区，其位置多有变化。这一锋区的厚度也是可变的，但在地面上通常至少有 100 千米宽。在地面的某些区域，锋面的推进速度经常比别的区域更快，因此两个气团之间的边界一般是不规则的。在任一锋面上，通常都会有等压线方向的一个明显变化，因此锋面过境时，风向也会有显著的变化。在北半球，风通常会在暖锋和冷锋处突然转向。

我们用“顺转”和“逆转”这两个词来描述风向的转变。顺时针方向的变化（比如说从南风变成西南风）叫作顺转，逆时针方向的变化叫作逆转。

暖锋和冷锋处上升的空气会形成云。起初，来自北半球极锋南侧的暖空气只是开始抬升至东边较冷空气的上方，因此，虽然随着暖空气抬升，云确实形成了，但覆盖的云常常会破碎为成层的卷积云和高积云。降雨量很小或没有降雨。低压系统前方空中的云体常常是零零散散的积云，它们往往会随着暖空气移至云的上方而变得扁平，形成了逆温层并抑制了对流。推进的冷锋通常更加活跃，也更有可能带来大量降雨。

随后在所谓的开放阶段（图 25c），在东边较冷的空气和西边寒冷的极地空气之间形成了一个明显的暖区。

暖锋

典型的暖锋（图 28）坡度很缓，在 1：100 到 1：150

之间，而冷锋要陡峭得多，坡度在 1∶50 到 1∶75 之间。暖锋上的楔形暖空气的前缘可能会在地面实际锋区前方约 1000—1500 千米处到达对流层顶，而我们刚刚说过，锋区本身的宽度可能在 100 到 300 千米之间。由此形成的高云为即将到来的天气变化提供了有用的线索。随着暖锋靠近，地面气压以越来越快的速度下降，气温也下降。

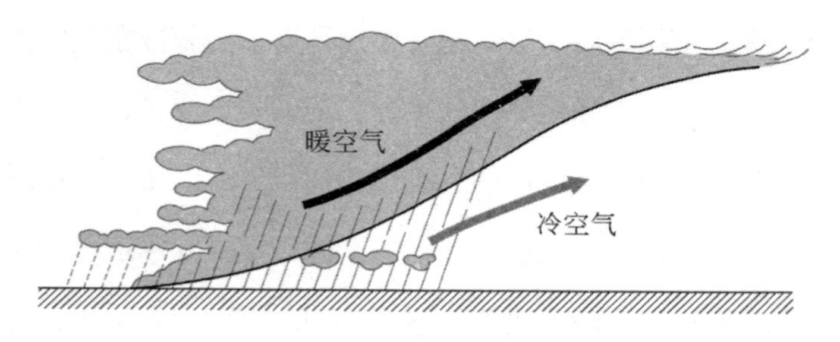

图 28.　暖锋的理想化示意图，显示了地面锋前方出现的典型的层云序列

随着暖锋推进，云变得越来越有组织，性质也越来越接近层状云，领先的是卷云和卷层云。卷层云中的冰晶薄片经常会产生各种各样的光学现象，不过公众往往不会注意这些。最常见的效应是在太阳周围形成的角半径为 22° 的日晕，其成因是阳光在穿过形状规则的冰晶时发生了折射。卷云和卷层云会增厚，变成高层云，高层云还会进一步增厚，同时云底会降低，形成雨层云。高层云往往

由冰晶和水滴混合而成，水滴通常为过冷水滴。一般情况下，从高层云落下的冰晶会引发较低处雨层云中的降雨，大量的雨水会落到地面。随着锋面推进，雨层云本身变得更厚，云底也朝地面下降，甚至会触及地面，尤其是在高地上空。有时候，早期出现的云可能是卷积云，逐渐变成高积云，然后增厚，变成一层高层云，最后变成带来降雨的雨层云。

暖区

在暖锋后面的暖区里，云或多或少会破碎，取决于暖区与低压中心的距离。暖空气经常会相对稳定，尤其是在英国上空，因此，通常以层积云形式出现的层状云可能会维持很久。如果不是低压系统正在变得越来越强，气压就往往趋于平稳，气温正常来讲会上升。

冷锋

暖区里空气的稳定度也会影响紧随其后的冷锋上的云量。如果空气稳定，锋面云可能会与暖锋上的锋面云的镜像相似，先有雨层云和大量降雨，随后是较高的高层云和卷层云，而随着冷锋过境，这些云可能或多或少会破碎。“经典”冷锋（图 29）会展现出一条带着强降雨的深对流云线（积雨云），其后通常都会跟着一条相对较窄的中云和较高云的云带，再后面就是主要的冷气团了。锋面前方的气压可能会略微降低，但会随着冷锋过境突然升高。冷锋后面的冷气团抵达后，气温会骤然下降。

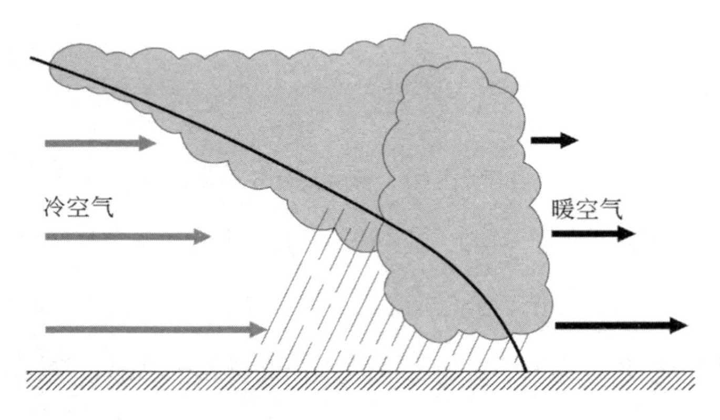

图 29. 典型的“被动”冷锋，有强降雨带，随后是锋面后方逐渐增高的层云

随着低压系统发展起来，西边的冷空气最终会赶上暖锋，从下方彻底冲蚀暖空气，将其抬离地面。冷锋赶上了暖锋，在地面上空形成一片暖空气，同时还有一个锢囚锋在其东侧形成（图 25d）。前面也曾提到，这三个锋面交

会的地方叫作“三相点”。

锢囚锋

锢囚锋的确切形式取决于前方和后方冷气团的相对温度（图 30）。如果锋面前方的空气最冷，就会形成暖性锢囚锋（上图）。如果从西边侵入的空气更冷，就会形成冷性锢囚锋（下图）。活动强烈的积雨云以及由此产生的短时非常强的降雨往往就夹在冷性锢囚锋当中。两种锢囚锋都可能带来强降雨。有的锢囚锋会在三相点后面绵延很长一段距离，围绕低压中心向右旋转，有时还会产生多环螺旋。根据低压系统的具体轨迹，锢囚锋可能会带来看似绵绵不绝的长期降雨，还常常导致洪涝。

虽然锋面系统的示意图显示空气是朝着锋面流动的，但这些空气显然不能无限堆积。研究证明，低压系统中主要的空气流动都发生在所谓的“输送带”上。主暖湿气流位于暖输送带，始于大约 1 千米的高度并逐渐抬升，流动方向大致与冷锋平行，但（在北半球）在 5—6 千米的高度越过暖锋之后就向右转了。这股暖湿气流在那里与另一

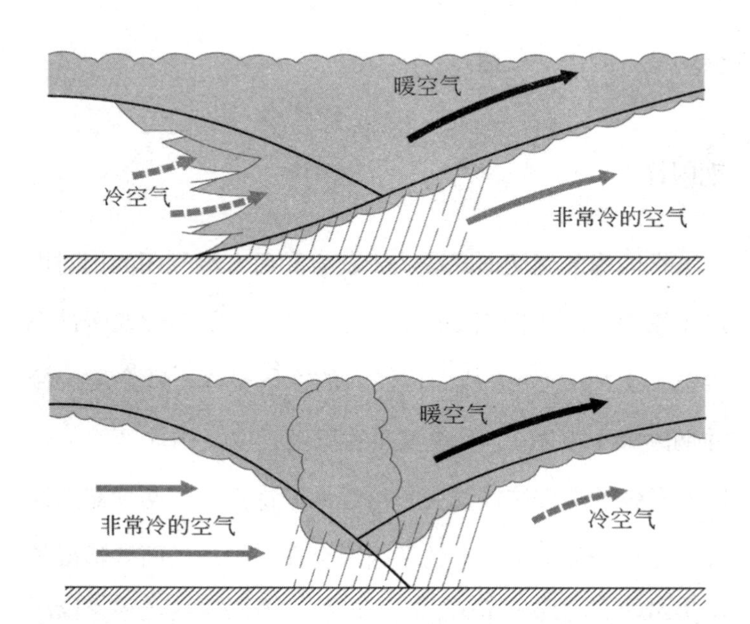

图 30. 锢囚锋，暖空气已被抬离地面。在暖性锢囚锋中，最冷的空气位于锋面前方（上图）。在冷性锢囚锋中，最冷的空气位于锋面后方（下图），而且锋区活动往往更加剧烈

股源自冷锋后面对流层中部的气流合二为一。沿着暖锋锋区降下的雨雪，其水汽基本上都是由暖输送带输送的。还有第三条输送带，是冷空气输送带，在暖锋前面发端之后即右转，在暖输送带下方流动，然后抬升进入锢囚锋（图 31）。

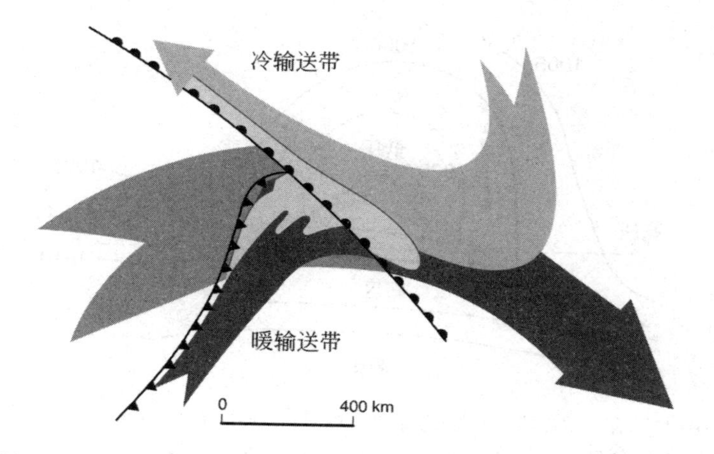

图 31. 低压系统中输送热量和湿气的输送带。大部分潮湿空气都在暖输送带上，始于冷锋前面较低处，抬升后最终出现在暖锋上方。来自冷锋后面对流层中部的冷空气也会与这股气流汇合。第三条输送带将冷空气从暖锋前面移开，在暖输送带下方过境，并抬升进入锢囚锋

受到雨雪影响的地区显然会随着低压系统的发展而变化。暖区阶段典型的降雨模式如图 32 所示。暖锋前面连绵的降水常常分散在很广的区域内，宽度达 200 到 300 千米。在这个区域里，较强降雨带和较弱降雨带往往与锋面平行。在大体上为暖锋的结构中，有时可能隐藏着小块的对流区，地面上不经意的观察者是看不到的，但这些对流区会带来局部强降雨。冷锋处常常会有一条非常强的降雨带，宽度为 50 千米左右，而其前方经常会有一个降雨较弱的区域（图 33）。

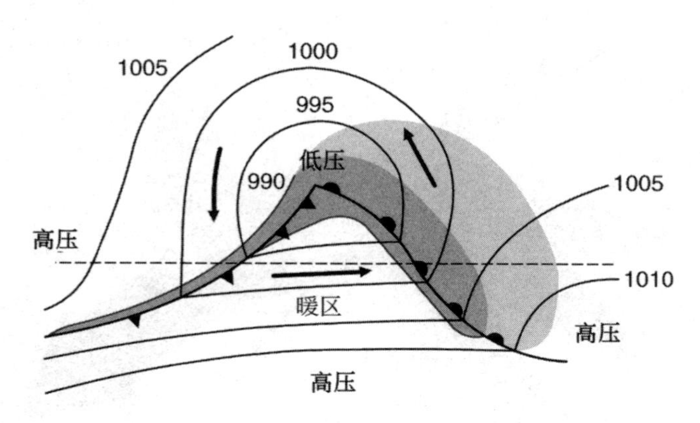

图 32. 存在闭合环流和充分发展的暖区时，受弱降雨和强降雨影响的典型区域

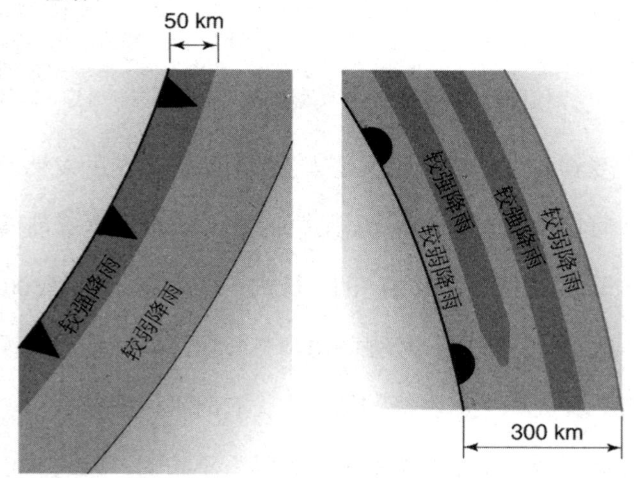

图 33. 暖锋（右）和冷锋（左）上典型的降水模式。需要注意的是，暖锋上的较强降雨带夹在更普遍的较弱降雨带中间

下滑锋

第三章曾提到，急流环绕地球穿行时，可能会带来对流层中部空气的辐合或辐散。如果高处发生辐合，堆积的空气会通过下降逸出，并可能导致低压系统暖区内的空气下沉。这样就会产生被压制的下滑锋，锋面上典型的云是浓厚的层积云。例如，当暖锋靠近时，低云可能会逐渐增厚，变成稠密的层积云，但这种云只会带来很弱的降雨或毛毛雨。伴随冷锋的也有类似的浓厚层积云，对流活动很少或没有。但是，在冷锋后面的冷空气中，可能会有相当活跃的对流，并伴有阵雨或雷暴。

低压中心南侧或北侧

如果低压中心在很靠南或很靠北的位置经过观察者，云的序列以及紧随而来的降雨会展现出不同的模式。在中心北侧，高空风（急流）为西风，而地面风方向相反，是东风。云往往是卷云，并逐渐变成卷积云，但接着就会开始消散。气压通常会略微下降。地面风往往会倒转，有时从东风转变成东北风或北风，随着低压中心移向南方，气压逐渐上升。

在低压中心南侧很远的地方，系统的运动正好让暖区经过观察者的位置，云的“正常”序列也被改变了。卷云会增强为卷层云，然后又增强为高层云或高积云，但这些云很少能覆盖整个天空。气压和风向的变化都很小，而且变化得很慢。暖锋后面常常会有一个高压脊，其后跟随的冷锋则不容易被观察到。

孤立锋

暖锋和冷锋都可能自发产生，未必和低压区联系在一起。在可能会生成大型气团的大陆地区，这样的情形尤其容易出现。这两种孤立锋都跟我们已经描述过的锋大体上相似，不过暖锋可能会表现出更多的对流活动。在强烈受热的陆地上空推进的冷锋可能会非常活跃且易变，出现深对流云，整个云带也较窄（图 34）。锋面前方的气压通常会显著下降，锋面后方的气压则会急剧上升。在冬季，例如极地气团从加拿大侵入美国的时候，由于陆地寒冷，在推进的冷锋后面，对流活动（阵雨）可能会大大减少。

低压系统增强

虽然我们已经描述了低压系统形成的方式，但这样的系统偶尔也可能会突然增强，尤其是受到其他主要天气系统影响的时候。比如在大西洋上空，向东北方向移动的正在衰减的飓风就可能与已有的低压系统合二为一，威力大大增强。如果中心气压在 24 小时内下降了至少 24 百帕，由此产生的系统就被描述成“炸弹”。不出意料，这样的“炸弹”通常伴有风速极高的大风。

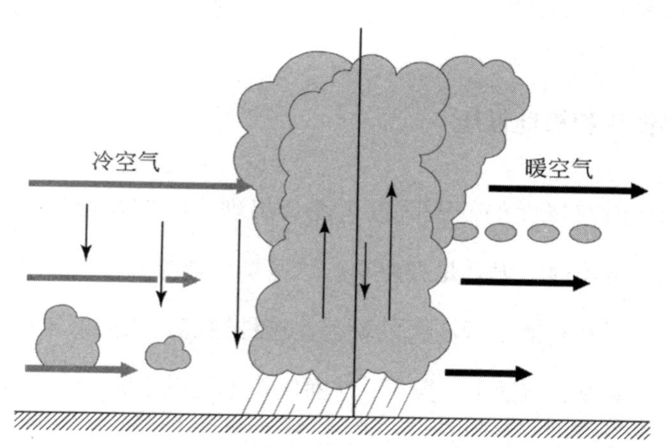

图 34. “活跃的”冷锋，锋面大致垂直于地面，并伴有剧烈的对流活动

同样是在大西洋上空，来自加拿大的非常寒冷的极地（北极）空气侵入美国东海岸，其外部的初始低压系统可

能会因此增强，形成猛烈的“东北风暴”，给新英格兰地区及邻近的州带来狂风暴雨或暴雪。

1987 年 10 月 16 日大风灾[1]之后的一项研究发现，深低压系统可能伴有风速极高的大风（被称为“刺状急流”），位于环绕低压中心呈卷曲状的云体后部附近。这是一条窄的带状区域——宽度可能不超过 50 千米——以 150 千米 / 时甚至更高的破坏性风速袭向地面。这股强风始于对流层中部，然后朝地面下沉，并且因为落入其中的雨雪的蒸发而冷却并加速。

热低压和极地低压

没有锋面的低压区也可能会出现，比如在陆地上空强烈受热时，尤其是在夏季。这甚至可能导致出现低压中心，以及有闭合等压线的环流。这种情况就叫热低压或热低压系统，但通常情况下，地面加热不足以生成闭合环流，

1　指 1987 年 10 月 15 日夜间到 16 日主要发生在英国、法国以及英吉利海峡地区的飓风灾害。该低压系统自法国西海岸和西班牙北海岸之间的比斯开湾向东北方向移动，属于活动剧烈的温带气旋。灾害共造成 22 人死亡，经济损失在当时约为 20 亿英镑和 230 亿法国法郎。受灾最严重的地区是英国南部到法国北部，尤其是伦敦及周边地区。

结果是扭曲了等压线的整体模式，形成了所谓的热槽。日落以后，地面加热消失，热低压和热槽往往都会衰减。但是，它们也可能会非常强，强到空气的不稳定性带来了阵雨和雷暴。

当寒冷的极地气团扫向赤道，经过相对温暖的海面上空时，也可能会出现类似情形，但通常更加激烈。在一个大型锢囚低压系统的冷锋后面，这种情形尤为常见（图 35）。这种情况下，来自地面的热量供给在夜晚不会消失，因此这样的极地低压或极地低压系统可能会变得非常强。跟热低压一样，加热较弱时可能会产生低压槽，但无论极地低压还是低压槽都可能成为强对流发生的地方，带来非常强的阵雨或更长时间的雨雪天气（图 36）。

大气河流

近些年，人们发现了一种此前没有人知道的机制，能将大量水汽输送到全球各地。这些“大气河流”是狭窄的气流带，湿度极高，位于对流层中部，所输送的水汽在从热带输送到纬度更高的地区的水汽总量中能占到 20% 之

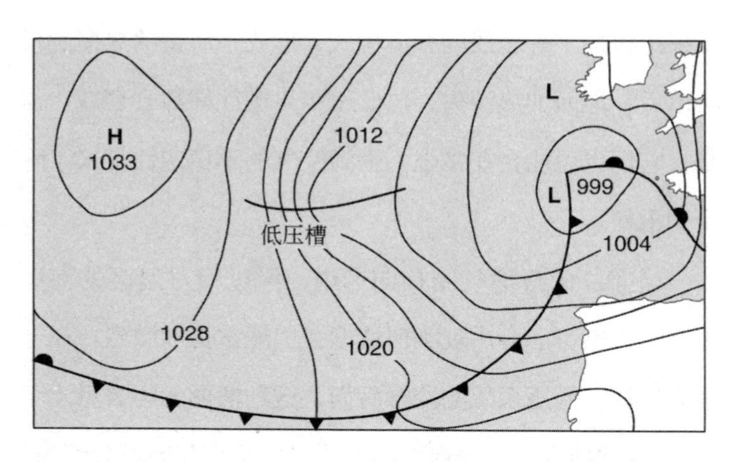

图 35. 低压系统冷锋后面的冷气团中生成的槽线。这种低压槽可能会进一步发展，自身演化为次级低压系统（“极地低压”）

多。当深低压系统在冷锋前面牵引出一条狭窄气流时，大气河流就会出现，后来成为我们前面描述过的形成暖输送带的气流。

虽然这些大气河流往往都将所含的大部分水降在海洋上，但也可能会登陆，而根据具体位置和条件，可能带来大量降雨和严重洪涝。例如，高压区可能会迫使大气河流循特定路径流动。如果大气河流遇到山脉，就可能会产生大量降水，加利福尼亚州的严重洪水便是因为大气河流遇到了内华达山脉（图 37）。人们普遍认为，类似的情况导致了 2009 年英国坎布里亚郡和 2012 年康沃尔郡的严重洪

图 36. 冰岛南侧充分发展的极地低压。低压中心周围环绕着云，并且出于这个低压的形成方式，这里不存在暖区

涝，并且很可能是 2015 年末发生在坎布里亚郡、兰开夏郡、约克郡及英国其他地区的极端洪涝的元凶。2010 年，大西洋上空的一条大气河流靠近美国东部时遇到了一条强劲的飑线。二者结合，在田纳西州降下了 300—500 毫米的雨，由此导致的洪涝在纳什维尔造成了 11 人死亡。

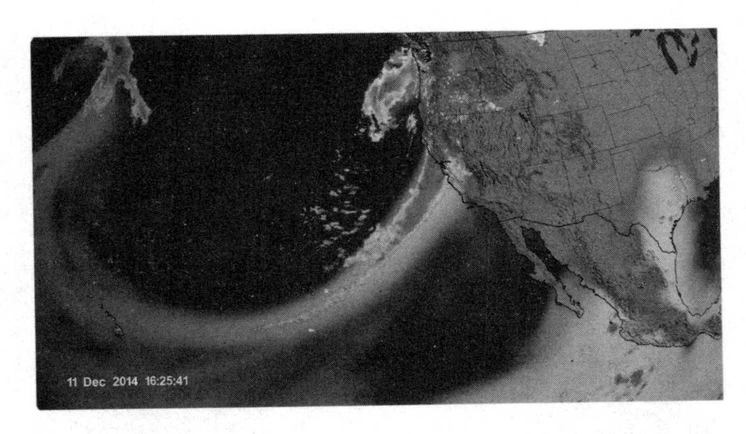

图 37. 卫星图像显示，大气河流的水汽在 2014 年 12 月 11 日穿过加利福尼亚海岸，图像获取自卫星信道。这条大气河流产生了大量雨水，并给内华达山脉带来强降雪

高压系统

与高压系统有关的天气就平静多了。前面曾提到，反气旋可以分为“冷高压”或“暖高压”，在地面上分别有冷空气或暖空气流出。冷高压是冷空气的浅层堆积，往往形成于冬季的极地或内陆地区的上空，不过在其他地区，高压往往以高压脊的形式出现，没有闭合环流。空气通常非常寒冷，天空往往万里无云，气温在夜间会降到很低。有时候冷高压还会被一个逆温层盖住，在白天限制了云的生长，零零散散的积云可能会绵延生长成层积云。

在暖高压中，从上到下穿过整个对流层下降的空气往往会抑制任何云的形成（图 38），虽然可能会有零零散散的积云，或是破碎的层积云。如果高压位于温暖、潮湿的热带海洋气团之下，就可能形成大面积的层云或雾，尤其是在夜间气温下降时。在夏季，白天的加热常常足以使底层空气充分混合，让所有低云和雾气都消散，但特别是在秋冬季节，云或雾会很持久。有时布满厚厚的层云或层积云的多云天空可能会持续好几天，带来所谓的“反气旋阴

图 38. 一种极其罕见的反气旋的卫星图像。该反气旋位于澳大利亚以南，中心的天空完全没有任何云体，于 2012 年 9 月 8 日观测到。由于这是在南半球，环绕高压的气流是逆时针方向的

沉天气”。空气在反气旋中心陷入停滞，常常引起污染物聚集。在陆地形成天然盆地的地方，这种情形会变得尤为严重，让所有空气都无法从地面逃离。

暖高压中下降的气柱很深厚，往往会对西风带中的正常气流以及低压系统的东进造成阻碍。反气旋变成了阻塞高压，引导低压系统前往纬度比正常纬度更高或更低的地区，给周边的天气带来了很大影响。冬季经常影响西欧的一种情形是在斯堪的纳维亚半岛上空形成阻塞高压（图 20）。环绕高压的顺时针气流给西欧带来冷冽的东风。有些低压系统可能会被迫沿着更靠北的轨迹移动，但通常都会被迫向南绕行，给伊比利亚和地中海西部带来异常潮湿和多风的天气。

第六章

热带天气

第五章描述的天气系统是温带地区的典型天气，以西风为主导，低压系统接连不断，相对平静的反气旋天气只是偶发。冬季会遭遇特别强的低压系统和与之相伴的风暴，且极地涡旋的强度极大地影响了整体情况。极地涡旋减弱时，寒冷的北极气团侵入，阻塞条件形成，导致急流大举侵入纬度更低的地区。相比之下，热带天气的特征则大不相同。这里考虑的热带是两个副热带反气旋之间的地带，大致位于南北纬 30°，而不是南北回归线之间的地带。

信风

信风由从副热带反气旋向赤道槽（热槽）流动的空气组成，在北半球是东北信风，在南半球是东南信风。信风在冬季最强，到了夏季往往会减弱。此外，在北极涛动（AO）处于正相位时（将在第九章详述），东北信风最强；当北极涛动进入负相位时，东北信风减弱。由于信风发端于下沉区域，更靠近副热带反气旋的地区以及信风带东部往往更加干燥，云量也更少。在更靠近赤道的地方以及更往西的海洋上空，空气会吸收更多水分，由此形成更多的云，产生阵雨多的天气。信风带典型的云是积云，在高度上常受信风逆温层所限。由于上方的空气在下沉，这个逆温层常常出现在相对较低的高度，约为450—600米（1500—2000英尺），不过有些活动剧烈的云也能冲破这个逆温层。任何一种降雨通常都由第四章介绍过的并合（“暖雨”）过程引发。

热带辐合带

前面已经提到过，热带地区的一个主导特征是赤道低压槽，两组信风于此处在热带辐合带（ITCZ）交汇。这里温暖、潮湿的空气形成了哈得来环流的上升分支。但是，ITCZ 绝不是一个一成不变的特征，这一点与从显示了1月和6月ITCZ平常位置的图12中看到的不同。ITCZ的变化颇大，而且经常并不连续，辐合区域的面积时而扩大，时而缩小。这些单独的区域可能保持静止，也可能向西移动。ITCZ强度和位置的变化在海洋上空尤为明显。在陆地上空，ITCZ往往随着季节变换而南北移动，但在海洋上空，其位置变动受到海面水温的影响。特别是在太平洋上空，有时会有双生的两个辐合带，赤道南北侧各一个，强度通常并不相等，两者之间有一条狭窄的高压带。在南美洲以西的太平洋东部发生的辐合可以被认为是大西洋上空ITCZ的延伸，因而也以此命名。有一个非常重要的独立辐合带叫作南太平洋辐合带（SPCZ），从巴布亚新几内亚东端向东延伸到太平洋中部，即大致南纬30°、西经120°的位置。SPCZ极为多变，与沃克环流和厄尔尼诺事件（均将在第九章详述）引发的变化密切相关。

如图12所示，太平洋和印度洋（尤其是后者）上空辐合带的位置在北半球的夏季会出现很大的变化，这种变化与稍后将讨论的季风有关。在夏季，大西洋上空的ITCZ位于北纬10°左右的位置，但在所有情况下，这个辐合带通常都位于“热槽”朝向赤道的几度以内，这里的太阳能加热为最大值。ITCZ 天气的特点是强对流和多云，尤其是塔状积雨云，高度可达 20 千米（60,000 英尺），还伴有猛烈的雷暴。沿着 ITCZ 有一个雷暴活动带，活动最剧烈的地方是非洲和南美洲上空。乌干达的坎帕拉周边地区平均每年有 262 天的雷暴天气，而委内瑞拉的马拉开波湖周边地区平均每年的雷暴天气约有 297 天。

由于风速和风向的变化，ITCZ 也与热带气旋的生成有关，将在第七章展开讨论。当 ITCZ 从赤道移开，科里奥利效应（见第二章）变得更强，能更有效地促使风旋转时，情形尤其如此。波动沿着 ITCZ 向西移动，导致风暴活动增加。这些热带扰动会变成热带低压系统，接着又变成热带风暴，最终成为热带气旋。

季风

热带很多地区往往都具有两种季节特征：旱季和雨季。在受到季风天气影响的地区，这种情况尤其明显。在这些地方，ITCZ 位置的移动伴随着盛行风向的重大变化，即反向。因此，ITCZ 经常也被称作“季风槽”。最极端的情况出现在西非和亚洲（或者叫亚洲–澳大利亚）的季风系统中（见图 12 及图 39）。季风被描述成大规模的海风和陆风，因为归根到底，它们是海洋和陆地上空之间普遍存在的巨大温差造成的。

在西非，随着夏天来临，ITCZ 向北移动，相对干燥的东北信风被来自几内亚湾温暖、潮湿的南风取代，宣告了雨季的到来。

亚洲的大部分地区受到各种略有不同的季风特征的影响。印度季风（西南季风）产生的原因是，在印度西部的塔尔沙漠上空以及该国中部和北部上空，因极端加热形成了一个低压区。上升的空气被来自印度洋的潮湿空气取代。空气实际上部分源于赤道以南的东南信风。东南信风穿过赤道时，科里奥利效应使之向右偏转，形成西南风，随后与来自波斯湾的气流结合。当西南季风抵达印度半岛南部时，就分成两个分支。西边的阿拉伯海分支给西海岸（西高止山脉）带来强降雨。东边的孟加拉湾分支在孟加拉湾上空向东北方向移动，同时从海水中获得了更多水分。季风的这一分支抵达喜马拉雅山脉东段时，就在梅加拉亚邦的卡西丘陵地区造就了世界上最湿的地方

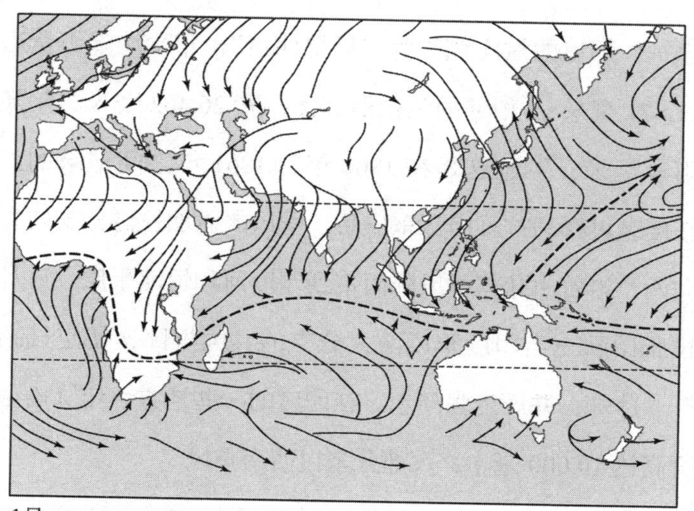

1月

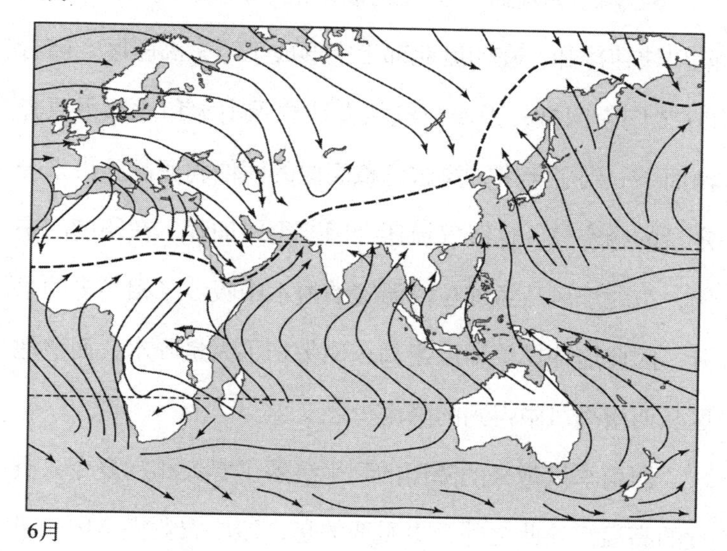

6月

图 39. 亚洲季风中发生的重大变化，显示了 1 月（上图）和 6 月（下图）之间风向的改变

之一，那里的村庄统称为“玛坞西卢”，年平均降雨量达11,871毫米。（相邻的乞拉朋齐保持着26,462毫米的年降雨量纪录，不过这是在1860年到1861年之间记录的。）在侵袭过喜马拉雅山脉东段后，季风的孟加拉湾分支转身向西，沿着山脉将季风降雨带到印度河和恒河平原。喜马拉雅山脉充当印度季风两大分支的共同屏障，使空气抬升、冷却，并产生强降水。在印度的一些地方，年降雨量可高达10,000毫米，大部分来自西南季风。

夏季的季风到了冬天就被东北季风取代。印度的大陆块快速冷却，在印度北部上空形成了一个高压区。随着ITCZ向南回撤，干冷空气从喜马拉雅山脉和北部平原奔涌而下。到了年末，穿过青藏高原的西伯利亚高压带来一定量的冷空气，这股气流还会因此得以加强。在印度的东面，东北季风从孟加拉湾温暖的海水中吸收了相当多的水分，因此这些风给印度半岛东侧带来了大量降水，而该地区从西南季风中得到的降雨少之又少。

西南季风带来的降雨的到来缓解了春天和初夏令人委顿的高温，除此之外，更重要的是，印度农业完全依赖于西南季风带来的降雨。1899年到1900年在印度出现过一次大饥荒，因季风雨缺席导致，这也激发了吉尔伯特·沃克爵士（Sir Gilbert Walker）研究季风的兴趣。最终他发现地球上相距遥远的地区的天气之间存在远程的相互关联，尤其是他还发现了热带地区的纬向环流，即现在所谓的沃克环流。对此类现在叫作“遥相关”的远程关联，我们将在第九章讨论。

东亚夏季季风使ITCZ的位置发生重大改变，使之在太平洋西北部上空向北移动，给日本大部、朝鲜半岛和中国通常情况下的东南风带来了显著的暖湿气流。在冬季，这个地区由从西伯利亚高压流出的干冷气流主导。这时ITCZ回撤至南方，位于北太平洋西部上空大致西南至东北走向的一条线上，远离日本东南部。

虽然澳大利亚北部交替出现的天气有时候也被认为是季风天气，在南半球夏季降雨量达到最大，但实际上，这种天气主要是风与地形之间相互作用（尤其是婆罗洲的地形造成东北风转向，成为西北风或西风，吹向澳大利亚），以及风与海陆温度之间相互作用的结果。

较为类似的是，在被称为北美季风的天气中，风向并没有真正反向。在夏季有来自墨西哥的东南暖湿气流，会影响美国西南部各州，甚至远达加利福尼亚州南部的山脉。

尘暴

大型尘暴常常发端于热带地区，或者更准确地说，发端于副热带反气旋下方的地区，尤其是撒哈拉沙漠。虽然严重的局部尘暴影响了这一地区的国家，但还是有很大一部分沙尘常被扬起至大气中很高的地方。南风经常将撒哈拉沙漠的沙尘上扬到中等高度，裹挟其向北越过地中海上空，影响欧洲诸国。降雨通常会将沙尘从大气中扫除，覆盖了地面上的物体，就成了“红雨”。

来自撒哈拉沙漠的这缕缕沙尘也可以被描述成固态气溶胶，它们还有一种意义更加重大的运动，就是被东北信风裹挟着吹向西边，穿过大西洋，而且不只是在大西洋上降下，还可能在向西远至加勒比海、北美南部（尤其是佛罗里达州）以及南美的地方降下。这种富含矿物质的沙尘是极为重要的营养来源，在孕育亚马孙雨林的肥沃土壤上厥功至伟。再往北，戈壁沙漠（当然就不在热带地区了）

是被强劲西风带到中国的大型尘暴的来源。戈壁沙漠位于巨大的喜马拉雅山脉的雨影区（见第四章），由于山脉的阻挡，携有水分的空气无法到达该地区。

第七章

恶劣与异常天气

虽然低压系统可能伴随极大的风和大量降雨或降雪，但其他事件也可能导致非常恶劣的天气。比如对流云，就既可能带来相对无害的阵雨，也可能生成与剧烈天气相伴的大型超级单体系统，包括极具破坏性的龙卷。

阵雨

虽然对公众来说，“阵雨”这个词往往说的是短时强降雨，但气象学家用这个词表示来自对流云的降雨，要么是来自深厚的积云（浓积云），要么是来自积雨云，但不是来自铺天盖地的锋面云，比如雨层云。对流云的确切形式主要取决于一年当中的时间。在冬季，冻结高度相对较低，降水是由积雨云上部的冰化作用（“冷雨”过程）引发的。但冬季的云都比较薄，因此含水量有限，降水一开始是小冰晶、小冰粒或小雪花的形式，在下降时可能会融化成雨。

夏季的气温更高，对流剧烈得多，云也更厚，含水量大得多，冻结高度也高得多。降水可能会在深厚的浓积云里由并合作用（“暖雨”过程）引发，但是，如果云生长到冻结高度，水滴往往会变成过冷水。在 -10 ℃左右，冻结核开始发挥作用，产生小冰晶。在 -40 ℃，过冷液滴会自发冻结。液滴如果与冰晶碰撞，就会冻结成冰雹粒子。小冰粒可能会被强劲的上升气流推向高空，经过要么有液态水要么有冻结条件的气层。如果空气被困在冻结的液滴中间，就会产生不透明的一层，而在冰点以上的气层中，水会铺展成一层，并在之后冻结时形成透明的冰。因此，雹块可能由透明和不透明的冰层交替组成。雹块会一直生长，直到长得太大，上曳气流无法托住，才会落到地面。

虽然对流单体的持续时间取决于当时在大气中盛行的具体天气，但一般来讲，在阵雨云中形成对流单体的头两个阶段，每个阶段都会持续 20—30 分钟左右。在单体刚开始发展的最早阶段，可能会有一些比较大的雨滴，但大部分降水发生在单体抵达高层大气后的成熟阶段，开始时是大雨滴，随后可能变成伴有冰雹的强降雨。但是，强大的下曳气流发展起来，抑制了上曳气流，切断了暖湿空气的供应。最后这个衰减阶段的持续时间可能从 20 分钟左右到两个小时不等，雨逐渐减弱，雨滴也逐渐变小。也就是说，积雨云单体的整体生命周期平均约为 90 分钟。

如果梯度风很强，阵雨往往持续时间很短，但在一天当中可能多次出现。如果梯度风很弱，阵雨和阵雨群可能持续更长时间，也变得更为连绵。单体前方的暖湿空气会被强劲的上曳气流拽向单体。云中同时存在的下曳气流在下击到地面时呈扇形散开，于单体前方形成阵风锋。这股流出的冷空气常常冲蚀暖空气底部，并助其抬升进入生长中的单体。这股暖湿气流经常促使子单体形成，子单体继而生长起来并在原先的单体衰减时接替其活动。整个单体群会通过这种方式出现，延长对流活动的时间，并将雨水或冰雹带到更大面积的地面上（图 40）。

无论是在冬天还是夏天，对流都可能会很强烈，足以到达对流层顶和相伴随的逆温层，一般来讲，对流层顶在冬天的高度比夏天要低得多。逆温层会阻止云向上生长，

图 40. 处于各种不同发展阶段的一个积雨云单体群。最早、最远处的单体已经向外延展，形成典型的砧状

促使其向外延展，变成一层厚厚的卷云，形成典型的“砧”状（图 21 和图 40）。如果对流特别剧烈，上升单体的顶部甚至可能穿透一小段平流层，形成“过顶”，这在很多卫星图像和宇航员拍摄的照片中都清晰可见，有时人们从地面上也能看到远处砧状积雨云上方的“过顶”。

雷暴

活跃的大型积雨云常发展成雷暴。虽然我们对起电过程仍然所知甚少，但似乎水滴和冰晶一定会出现，云顶温

度一定低于 –20 ℃。在云中高处，冰粒在冻结时碎裂，较轻的粒子会带上正电。它们被上曳气流带到云的最顶部，而较重的、带负电的粒子会在云底积累起来，并在下方的地面上感应出与之相反的正电荷。这块带正电的区域在云下方的大地上漂移，直至最终电荷差达到足够大，或是这两个带电区域之间的距离变得足够小，这时二者之间就会放电，一般发生在很高的物体上方，比如建筑物或树的上方。这种云地闪电是最常见的，经常被称作“叉状闪电”。

放电有好几个阶段。最早的通道由所谓的“梯级先导”打开，向地面形成多个很短的之字形脉冲。有了接触之后，主电流实际上是从地面到云体向上传导的。放电也可能发生在云中（云内闪电），这时放电阵列常常被云体遮挡，产生的形式通常叫作“片状闪电”。此外，两个独立云体之间也可能会放电（云际闪电）。后面这两种闪电的触发机制我们知之甚少，就如同“晴天霹雳”背后的机制一样，闪电放电可从云体水平延伸到好几千米开外，在向下击中地面之前出现在晴空。这种远程雷击确实存在，也是闪电活动出现时我们要格外小心的又一个原因。有时云顶的正电荷会变得很强，于是在云顶与地面之间会直接建立起通道。这种“正向”放电的电流比正常的云地闪电中的电流要大得多。

放电建立起来的空气通道极为炽热，会以超音速膨胀并坍缩，产生我们熟悉的雷声。从看到闪电到听到雷声之间流逝的时间可以用来估算闪电放电的距离。3 秒钟的延迟大致相当于 1 千米的距离，5 秒钟大致相当于 1 英里。有时候只看得到闪电，听不到雷声。这样的放电通常叫作“热闪”，人们曾错误地认为它发生在夏季，但其实只是因为对流云单体离得太远而听不到雷声。这时的活跃单体可能有 25—30 千米远。

虽然一个单个单体内的放电活动通常持续 20—30 分钟，但是新单体的产生会带来一个活跃单体群，形成所谓的“多单体风暴”（图 41），这种风暴拥有的生命周期要长得多，可能长达好几个小时。

较大对流系统

对流云可能会组织起来，变成重要对流活动的一个大的群。这种系统叫作中尺度对流系统（MCS），可由深厚

图 41. 海上闪电，拍摄于新南威尔士州索特尔。远处的雷击表明这是个多单体风暴，至少有两个活跃中心

的积云（浓积云）或积雨云组成，还常伴有与之相关的层云。系统中有剧烈环流和强降水，在系统过境时，二者往往都会增强。各个云体的顶部经常会合并为一体，在系统上方形成巨大的卷云盖，能持续四个小时甚至更久。这样的中尺度对流系统如果表现出明显的线性或曲线形式，就会被描述成飑线。在这条推进的飑线前方，强劲的外流空气形成了新的单体，因此整个系统得以延续下去。飑线有时候非常强劲，于是在有强降水的地方气压会上升，而飑线后方的气压则会下降。

一个中尺度对流系统有时会与另一个系统合并，形成一个巨大的中尺度对流复合体（MCC）。我们实际上要根据红外卫星观测所确定的特性来对这样巨大的系统进行严格定义。温度低于 −50 ℃的区域面积必须大于 5 万平方千米；如果区域面积更大，延伸至少 10 万平方千米，则温度必须低于 −32 ℃；整个系统还必须持续至少 6 个小时。这样的系统往往出现在一天当中的晚些时候，而且通常会持续到次日。它们在北美洲、非洲和亚洲最为常见，并且根据其位置，还可能充当形成热带气旋的前身。

超级单体

对流系统还有一种更加活跃、更加剧烈的形式，叫作超级单体。当有一片非常深厚的不稳定空气存在，并且风速随高度快速增大，同时伴有定向风切变时，超级单体就会出现。它们不是独立单体的集合，而是环流组织成的一个单一、大型、旋转的上升气柱，叫作中尺度气旋（图 42）。这个气柱的直径可以是 2 到 20 千米之间的任意值，抬升高度能达 8 到 15 千米。它伴有错综复杂的上曳和下曳气流系统，还有一股冷空气从中间高度进入这个系统。一般在积雨云单体中，下曳气流往往会抑制上曳气流，最终导致系统衰减，但超级单体与此不同，其主上曳气流是倾斜的，系统的整体旋转也把向上和向下的气流分开了。因此整个系统变得非常持久，能持续 6 个小时甚至更久。在中纬度地区，夏天温差和湿度差明显，超级单体出现得最为频繁，在美国中部和东部各州尤为常见，因为在来自墨西哥湾的空气与来自北方和西方较干燥的空气之间，空气的特征存在强烈反差。

图 42. 新南威尔士州博姆比上空的一个超级单体风暴的边缘。弧形云带是旋转的中尺度气旋的特征

超级单体通常会在上曳气流最强的地方发展出一个巨大的“拱顶”。这是形成大雹块的理想之地，在强劲上曳气流的支撑下，雹块会上上下下环绕气柱几轮，结上很多层冰，直到最后太重了，只能从云里落下来。

除了破坏性的冰雹，超级单体还经常引发暴雨和多次雷击。我们甚至已经知道，强大的下曳气流也会对地面造成直接破坏，但更值得关注的是，超级单体会带来破坏性的龙卷。

龙卷

龙卷是由超级单体系统产生的，而我们刚刚提到，超级单体在美国中部各州（大平原）特别普遍。在来自墨西哥湾的暖湿空气和来自西南各州沙漠地区较为干燥的空气之间有一条干线，龙卷往往就是由沿着这条干线的超级单体形成的。虽然详细情况还不清楚，但龙卷形成的方式还是跟其他的旋转涡旋有所不同，后者可以被统称为“旋”这个通用术语，稍后详述。虽然媒体喜欢把所有旋转涡旋都叫作“龙卷”或“龙卷风”，但实际起作用的有两种截然不同的机制。龙卷发端于超级单体系统内部，最初似乎是一个水平、旋转的气柱。强劲的上曳气流使气柱中部抬升，使之成为拱形，其中顺时针旋转的“下降”分支衰减了，只剩下“上升”分支，这就是初始龙卷。因此，龙卷中最常见的旋转方向在地面上是逆时针的，但偶尔也能观测到顺时针方向的旋转。这种涡旋会出现在跟母超级单体略有不同的位置。超级单体中上曳与下曳气流的分离有助于增强涡旋，而涡旋会以漏斗云（或“管状云”）的形式朝地面下降，一旦触及地面并扬起碎片云，就会被归类为龙卷。

我们并不知道龙卷涡旋内部的具体情况，因为无论什么时候遇到龙卷，所有气象仪器都会被摧毁。但据可靠估计，柱内的气压会下降 200—250 百帕，导致空气中的水汽马上凝结，出现肉眼可见的漏斗云。很多龙卷的直径大致都为 100 米，但已知的巨型龙卷直径可达 1000—2000 米。龙卷里的风速极高，可同样难以测定，除非能从远处用多普勒天气雷达技术测量。记录到的最大风速为 514 千米 / 时，是 1999 年 5 月 3 日那场侵袭了美国俄克拉何马城市郊的极具破坏性的龙卷。龙卷的典型地面路径长度为 10—100 千米，但最长纪录是 1917 年 5 月 26 日的“三州龙卷”，破坏了长达 472 千米的路径。2011 年 4 月 27 日侵袭了亚拉巴马州塔斯卡卢萨市和伯明翰市的破坏性龙卷的母超级单体被追踪了七个多小时，覆盖范围超过 610 千米。

现在用改良藤田级数来判断龙卷强度。龙卷专家藤田哲也（Tetsuya Fujita）在 1971 年基于对龙卷所造成的破坏的评估，率先提出了这个分级标准。原始的藤田级数虽然也被用了很多年，但是有一些缺点，因此从 2007 年开始，人们正式采用了改良藤田级数。改良藤田级数以估算风速（而非实测风速）为依据，而风速又基于破坏程度和 3 秒阵风风速。原始藤田级数和改良藤田级数均见附录 C。

英国龙卷和风暴研究组织（TORRO）也给出了一个略有不同的龙卷强度级数，叫作 TORRO 级数。该级数基于风速而非破坏程度，附录 C 也给出了这一级数。

较小的旋

还有一整族的涡旋的破坏性比龙卷要小，而且是由完全不同的机制产生的。最简单的一种是经常被称作“魔卷”的旋，当风被周围环境以漏斗状吸入一个旋转的气柱时就会生成。这样的场景我们都很熟悉：当风附近的建筑物使风转向时，树叶或垃圾就可能形成旋转的气柱；再比如山坡上狭窄的裂缝也可能导致类似的情形。这种形式的涡旋通常以从地面上扬起的物质命名，因此产生了水卷风、雪卷风，乃至干草卷风。

地面边界层的强烈加热产生的对流，尤其是在干旱地区，可能会扬起小颗粒物形成气柱，从而产生尘卷风，而地表粗糙度的变化可能也有助于诱发旋转。一般来讲，气柱会在空中逐渐消失，但在一些罕见的情况下，尘卷风可能会抬升至足以发生凝结的高度，在顶部形成一小块积云。虽然尘卷风通常都在乡野地区穿行——火星表面也能观察到很多跟地球上一模一样的尘卷风——但是强度很少会达到足以造成严重破坏的程度。

对流也是产生海龙卷以及与之相对应的陆龙卷的主要机制，但这些对流是在非常活跃的云体中产生的。陆龙卷这个名字是龙卷专家霍华德·布卢斯坦（Howard Bluestein）于 1985 年提出的，命名理由是它们跟海龙卷相似，但陆龙卷经常被错误地描述为龙卷。在这些情形里，云体内部极为强劲的上曳和下曳气流开始形成一个旋转气柱，并从云底以漏斗云或管状云的形式向下延伸。这种漏斗云意外地常见，就连天空好像被层积云覆盖的时候也会出现，因为层积云实际上遮挡了活跃的积状云，人们从地面上看不见。这样的漏斗云往往不会接触地面或海面，可一旦接触到了，在陆地上的话就会变成陆龙卷，在海面上的话就会变成海龙卷。如果温暖的海水和其上空冷得多的空气之间存在剧烈温差，那么海龙卷就更有可能形成。海龙卷和陆龙卷都由强劲的下曳气流组成，其中的凝结作用产生了肉眼可见的漏斗云；环绕这股下曳气流的是旋转的管状上曳气流，肉眼通常不可见，除非漏斗云降到了地面，将地面上的少量物质扬到了空中。就海龙卷而言，跟海面接触的那个地方叫作“暗斑”。在风速超过 80 千米 / 时的时候，水花就会形成一个圆柱，叫作“套管”。人们经常记录到多个海龙卷，类似的陆龙卷群也可能发生，但是因为地面上的建筑物和景观妨碍了视野，后者在陆地上空会更难观测到。陆龙卷之所以发生，也可能是因为地面边界层的强烈加热导致上升空气形成旋转气柱，与上方对流云中的上曳气流联结起来。

海龙卷和陆龙卷的直径一般都在 15—30 米，生命周期也很短，只有 15 分钟左右。海龙卷登陆后常常就衰减了，虽然也有少数能作为陆龙卷继续按其轨迹活动。

跟猛烈的阵风锋，尤其是跟热带气旋中的活动有关的暴风和强对流往往会产生非常类似的现象。一般来讲，这些旋不会生成可见的漏斗云，但却可能在陆地上造成相当大的破坏。大众媒体也经常把这种“阵风卷”报道为“龙卷”或“龙卷风”。

热带气旋

热带气旋在大西洋和太平洋东部（与加利福尼亚州和中美洲相隔）上空叫作飓风，在太平洋西部上空叫作台风，在印度洋上空叫作气旋。虽然人们常把热带气旋当成灾难——与之相伴的大风，极端降雨引发的洪涝、滑坡和泥石流，还有风暴潮，都可能造成重大伤亡和破坏——但是，这些系统带来的降雨对热带农业来说至关重要。

热带气旋是闭合、无锋面、低压的大风系统，最大风速超过 33 米 / 秒（约 120 千米 / 时）。中心气压常低于 950 百帕——目前的纪录是 1979 年超级台风“泰培”的 870 百帕。但是，一个系统何时应该归类为热带气旋还没有国际公认的定义，关于热带气旋的强度等级也没有统一的意见。世界气象组织建议使用在 10 米高度测得的 10 分钟平均持续风速来划分等级，10 米是正式风速计的标准高度。总之，各国气象局至少有五种不同的等级量表，应用于不同的大洋盆地。不过，用于大西洋、太平洋中部和东部系统的萨菲尔-辛普森飓风等级（见附录 C）用的是同一高度的一分钟平均风速。该等级量表分为五个强度。飓风“安德鲁”（图 43）就是一场超强飓风，在萨菲尔-辛普森等级中为第 5 级，它侵袭了巴哈马群岛和路易斯安那州，但是在佛罗里达州南部造成了大面积破坏。

所有热带气旋的结构都展现出其独有的特征。在热带气旋中，极其深厚的对流云带盘旋进入气旋中心，在北半球为逆时针方向，而在最强的系统中心又有一个没有云的风眼，这里的空气实际上在朝地面下降。环绕这个风眼的是塔状云高耸、风力极大、降水极强、雷暴也极为活跃的一条带，即眼壁。在风眼里下沉的空气由于下降开始升温，并形成一个没有云的区域，其直径一般为 10—50 千米，但在最强的系统中可以达到 70 千米。塔状积雨云的高度能达到 40,000 英尺（12 千米）或更高，而在高空从这个系统中流出的空气（在北半球为顺时针方向）形成了巨大的卷云盾，直径可达好几千千米。1988 年，飓风“吉尔伯特”上空的卷云盾直径为 3500 千米。

图 43. 5 级飓风“安德鲁”于 1992 年 8 月 23 日经过巴哈马群岛上空，逼近佛罗里达州，风眼清晰可见。佛罗里达州当地报告的最强阵风风速达到了 282 千米 / 时

形成热带气旋的条件很明确。它们出现在离赤道大约5°—10°的地方，这里的科里奥利加速度（在赤道处为零）促进了气旋整体的旋转。海面水温必须至少为27 ℃，并且穿过整个对流层的垂直风切变必须非常小，否则就无法形成闭合环流。所有热带气旋都是有着暖中心的低压系统，与有着冷中心的低压系统不同。环绕气旋中心的塔状云所释放的潜热产生了极端加热。

热带气旋的形成可以分为几个阶段。以大西洋飓风为例，它们往往始于一个所谓的热带波（也叫东风波），这是一个浅的高空槽，在西非上空的信风带中向西移动，增加了云量和降水量。接下来热带波会发展成热带扰动，这是一个有组织对流的区域，伴随着弱低压。再接下来，热带扰动会变成热带低压系统，即有闭合等压线和闭合环流的低压区。风速相对较小，还不到18米/秒，这在蒲福风级中约为风力7级。这种系统往往发端于热带辐合带，而且很多就不会再往下发展了。当风速升高、弧形云带在卫星图像上清晰可见时，这个系统就变成了热带风暴，而到了这一阶段，通常就会得到一个特别的名称。热带风暴的风速可能会升至26—32米/秒（风力10—11级）。最后，风速越来越大，这时的系统就变成了完全成熟的飓风。

热带气旋的轨迹可能并不规则，但一般来讲，它们向西移动（图 44），并以大约 10 节（19 千米 / 时）的速度慢慢移向两极。如果它们抵达北纬或南纬 20° —30° 的地方，其走向经常会出现巨大变化（叫作转向），一个大转弯到东北（在北半球）或东南（在南半球）方向。2012 年在新泽西州和纽约州造成大面积破坏的飓风“桑迪”却是个例外。“桑迪”先是沿着美国东海岸在海上向北行进，然后在新英格兰地区上空遇到了一个高压系统。2012 年 10 月 29 日，“桑迪”突然转向西北并登陆。虽然只是 1 级（最弱的）飓风，但与之相伴的风暴潮不仅造成了大范围的风灾，还给纽约市的街道、隧道和地铁系统带来了大面积的洪涝。

在热带气旋末期的转向阶段，由于离开了温暖的海水，大部分系统开始衰减，尤其是当系统移到了陆地上空并失去了热源时。气旋可能会继续向纬度更高的地区行进，要么本身作为温带气旋，要么与已有的低压系统合并——通常导致后者急剧加强。

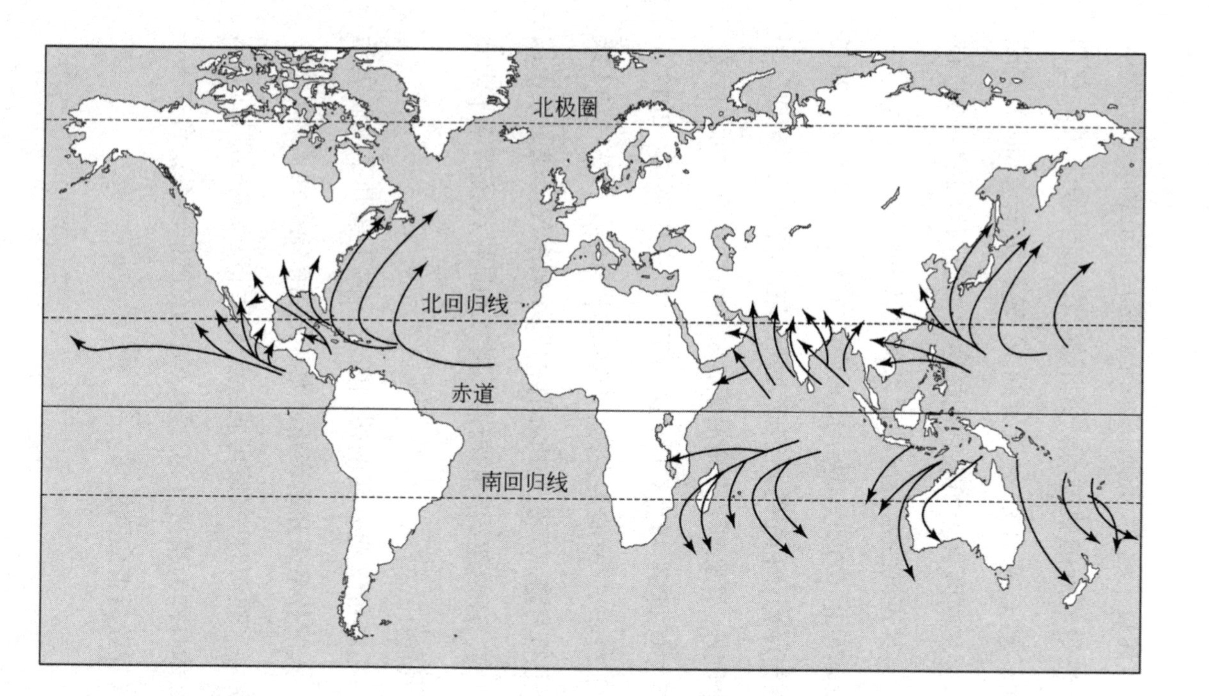

图 44. 热带气旋的典型轨迹。注意它们离开热带时其轨迹突然发生的重要变化（转向）

第八章

局部天气

虽然我们前面描述过的有些事件，比如猛烈的龙卷，影响到的地面区域相对较小，但还是有很多效应能影响局部地区。就拿雾来说，雾的形成可能跟大范围的反气旋天气有关，这种天气会导致夜间显著降温，并带来相对平静，也就是没有风的天气。雾有两种常见形式：辐射雾和平流雾。

辐射雾

地面将热量辐射到太空中，将底层的空气冷却到露点以下时，辐射雾就会出现。辐射雾经常局限在特定区域，比如紧邻溪流或狭窄河谷的地方。冷却的产生需要几个条件：

- 天空必须晴朗无云，让长波辐射能逃逸到太空中。
- 须无风或只有非常轻柔的风，风速低于 4 节，即 7.4 千米 / 时。
- 深夜时的空气必须潮湿（这个条件在秋天和冬天的晚上最易得到满足）。
- 须有足够的时间让空气冷却到露点（这个条件仍然是在秋天和冬天最易得到满足）。

辐射雾通常局限在陆地上最低洼的地方，但即便如此，雾层一般还是会有 15 米到 100 米厚。间或，尤其是大雨过后空气非常潮湿的时候，会形成雾层厚得多的严重谷雾，特别是在河谷中或邻近湖泊或水库的地方（图 45）。

即便风速不算大，风往往也会阻止雾的形成，因为与风有关的湍流混合了一层深厚的空气，使冷却受到抑制。与此类似，如果雾形成之后起风了，出于同样的原因，雾往往也会消散。

如果温度降得够低，在地面物体上凝结成露珠的雾就会冻结，形成一层白霜。但是，如果雾滴变成过冷液滴，那么任何轻微的气流都会让地面上的物体结上一层雾凇，因为过冷液滴一接触到固态表面就会马上冻结。在海拔更

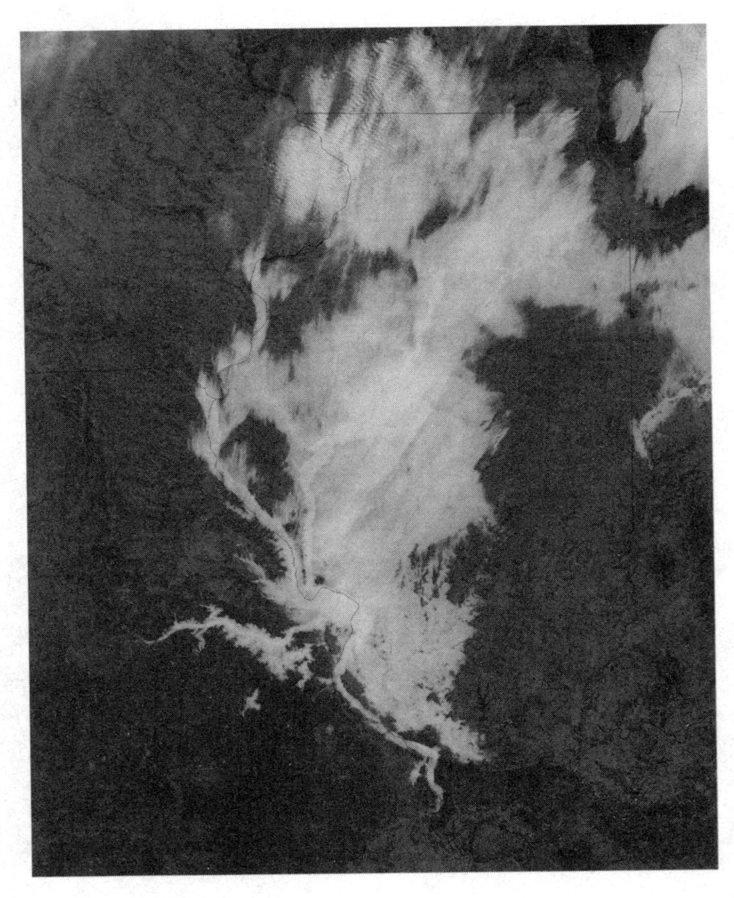

图 45. 2012 年 3 月 26 日，密苏里河和密西西比河的河谷中大面积的雾

高的地区，过冷云滴可能会在物体（比如天线塔）的迎风面形成长长的“羽毛”，这时也会出现类似的雾凇。这种“羽毛”迎风生长，而不是在下风向生长。

如果上午的升温足以催生温和的对流，雾往往在上午就会消散。在最终破碎、消散之前，这层雾常常会抬离地面，形成一层很低的层云。有时我们能看到疏疏落落的残雾在局部气流的裹挟下，沿着山谷或高山的山坡向上移动。在河谷中，往下坡和下游方向的气流经常会把残雾吹出去，带到低洼的地方。

平流雾

如果暖湿空气在一个非常寒冷的表面上空流动，比如在海面上空，或偶尔在冰雪覆盖的地面上空，就会形成平流雾。尤其是在海上，会产生大面积的雾，之后这种雾会用平流输送（水平输送）到相邻的海岸。如果海岸是低洼地带，这种雾可能会从海上侵入内陆好几千米。到了陆地上空，这样的雾在白天可能会消失，但在海上会继续存在，夜晚温度下降后又回到陆地上。

如果陆地被雪覆盖，并且雪开始融化，气温一直在0 ℃左右徘徊，那么也经常会出现类似的雾。一阵轻风可能会裹挟着这种雾吹过乡野，把雾带到相当遥远的地方。

霾和烟雾

如果有大量微小、干燥的颗粒物（气溶胶）悬浮在空中，就会出现一种与雾不同的能见度降低的情况。这些颗粒物往往会散射光线，让远处的物体模糊不清，有时候还会给日出和日落带来惊人的色彩。霾通常在白天形成，可能会呈现为明显的一层，带褐色的天然色彩。

干燥的霾和水滴组成的雾都有可能被污染物污染，从而产生光化学烟雾。根据污染物的性质，光化学烟雾可以分为两种明显不同的类型，但这两种类型通常都包含一氧化碳等有害物质。主要的污染物常为机动车排放的氮氧化物和碳氢化合物。这种类型的污染物形成了臭名远扬的洛杉矶烟雾，因为这座城市的四周都是高地，受污染的空气只能被困在城市上空。含硫化合物则往往从煤和石油的大范围燃烧中产生。正是这种雾和烟的结合导致了 1952 年 12 月困扰伦敦整整五天的烟雾事件，造成了至少 4000 人死亡，还给另外超 10 万人造成了严重的呼吸系统问题，不过最近的研究表明死亡人数可能还要高得多。

有些重大的污染事件里既有碳氢化合物也有含硫化合

物，曾经影响中国的重大污染事件尤其是这种情形。在中国，为数众多的燃煤电厂曾排放出大量污染物。有些事件非常严重，污染物浓度甚至曾超过世界卫生组织建议的最高水平的40倍。

当然，这两种烟雾都很像雾，常局限在低洼地带，比如河谷和相对封闭的盆地。在相关地区的卫星图像中，这一点往往一目了然。

局部风

有很多相对局部的风，可能会对特定地区的天气造成显著影响。其中五种足够独特，我们下面将分别详述。根据形成机制，这五种局部风可以分为两组，其中一组包括海风、陆风和湖风，另一组则将谷风和山风联系在一起。

海风、陆风和湖风

白天，陆地升温速度比邻近的任何水域都要快，因此会形成浅循环：暖空气在陆地上空抬升，冷空气从海面流入（如果是海风的话），接替上升的空气。这样的风也许会将海雾带到海岸上空，因此上午还是温暖、晴朗的，下午就变得阴冷、多雾。春天和初夏的海洋相对寒冷，这时海风在海岸最为常见。海风往往在中午之前形成，并在下午达到最大风速。一个明显的海风锋经常会出现，可能还会伴随一排积状云，尤其是如果内陆方向有一条山丘带，能助上升的空气一臂之力，从而产生降雨，或在很偶然的情况下还会出现雷暴。海风可深入内陆好几十千米。

如果有一个半岛，海风也许会在陆地的两侧都形成，并吹向对侧。在两侧海风交汇的地方，尤其是在较高的岛脊上空，也许会出现大量的云和降水。有很多倾盆大雨和严重洪涝都是这个原因，比如 2004 年英国康沃尔郡博斯卡斯尔村的滔天洪水。澳大利亚昆士兰州约克角半岛两侧的海风要大得多，这些风有时候会相互作用，生成蔚为壮观、人称“壮丽晨景”的卷轴云，并向西吹送，穿过卡奔塔利亚湾。与之相伴的还有气压骤降，并可能出现一连串各自独立的卷轴云。

与海风对应的是陆风。夜间，陆地冷却得比海面快，因此会有冷空气从陆地流向海面上空，从而形成陆风。跟海风一样，也可能会有一个由积状云组成的明显的陆风锋，逐渐远离陆地，向大海移动，这在卫星图像上常能看到。

通过一种与海风形成机制有些类似的机制也能产生湖风，在这里，来自比如湖泊或水库等大型水体的冷空气侵入邻近的陆地。在这种情况下，其效应可能会因为周围的地形以及水体和任何相邻山丘的方位而变得很复杂。白天阳光使邻近的山坡升温，这也许会进一步促进空气的流动，湖风随之加强。

谷风和山风

白天山坡受热后会产生一股爬坡气流，由此可能发展成从山谷吹向山顶的大规模谷风。这种风在日出时开始形成，午后不久达到最大强度，风速在向阳坡上空可能有20千米/时，但在背阴的地方要小得多。当然，谷风的强度可能会受到现有梯度风的影响而发生变化，而且如果总体上是强风，湍流掠过起伏的乡野就可能彻底破坏任何的局部谷风。

与此相反的效应——夜间降温——则会形成山风，山风开始形成于日落这个升温停止的时候。冷却的空气向山下移动，但这股风（常被称为山风）一般都比相应的谷风要小，可能达到约 12 千米 / 时的风速。不过，要是山谷变窄为峡谷，山风也有可能超过这个速度。

即使不考虑谷风或山风，地形有时当然也会对梯度风本身产生重要影响。如果气流被限制在逐渐收窄的山谷或峡谷里，造成漏斗效应，风速就会急剧增大。例如，多瑙河在穿过喀尔巴阡山脉时，河谷中就出现了这样的效应。在这种情况下，得到加强的风叫作科萨瓦风。在地中海的科西嘉岛和撒丁岛这两座多山的岛屿之间也会出现类似的效应，造成的极端大风对水手来说非常危险。直布罗陀海峡的西风，因为局限于海峡两边的高地，风速可能翻倍。

下吹风

如果盘踞在高地上空的一团空气变得极为寒冷，尤其是地面被冰雪覆盖时，就可能出现一种与山风非常相似的风。这团密度大的空气以下吹风（或“沉降”风）的形式冲下坡，下吹风影响到的区域一般比普通山风大得多。有很多这样的风已经被命名，其中最著名的可能是密史脱拉风，它形成凛冽的疾风沿罗讷河谷下行，并一直冲到利翁湾上空。影响亚得里亚海东部，并沿迪纳拉山脉的山坡急速往下冲的布拉风也是一种类似的下吹风。但最强劲的下吹风出现在南极洲周围——猛烈的大风从东南极冰盖倾泻而下。世界上下吹风最大的地方是南极洲乔治五世海岸的联邦湾，年平均风速为 67 千米 / 时，而在同一个地方记录到的最大风速达到了 320 千米 / 时。影响英国坎布里亚郡伊登河谷部分地区、在马勒斯唐崖上空倾泻而下的舵轮风——唯一得到命名的在英国形成的风——也是猛烈的下吹风。

焚风

就我们刚刚描述过的下吹风而言，空气虽然在下降过程中会升温，但依然寒冷。有些沉降风则不然，温度在所谓的焚风下可能变得极高。这个名字源自德国南部的一种天气情况：来自南方的空气在阿尔卑斯山脉陡峭的北坡下降。我们前面提到过，上升的空气起初会以干绝热直减率冷却，然后，当凝结开始时，空气就会以饱和绝热递减率冷却。但是，如果一部分水汽以降水的形式（无论雨还是雪）在山丘或高山的迎风坡流失了，那么当空气降至背风坡时，就会开始以更高的干绝热直减率升温，时间比没有水汽流失时所预计的要快。在任意给定高度，山脉背风坡空气的温度会比迎风坡更高。焚风有时候会发生得很突然，造成山脚温度急剧升高。这样的焚风足以融化任何积雪，除此之外，还常带有极强的干燥作用，甚至可能造成火灾隐患。1943 年 1 月 23 日，焚风在美国南达科他州的斯皮尔菲什带来了两分钟内最大升温纪录，为 27 ℃（从 –20 ℃升到 7 ℃）。

空气在翻越山脉时，由于地形屏障在气流中造成了极大的波动，空气会从对流层中部被迫下降到地面高度；在这种情况下，有时候也会发生与焚风有些类似的升温过程。

湖泊效应降雪

降水也可能是很局部的。虽然降雨、冰雹或雨夹雪都属局部降水，但还是有一种极端形式，叫作“湖泊效应降雪”。在北美洲五大湖的湖岸地区，当极寒的北极气团横扫尚未封冻的湖面时，这种现象尤为明显。北极气团这样做不仅从湖面得到了湿气，还在穿过一层相对较浅的云的过程中变得非常不稳定，产生了活动剧烈的阵雨云。遇到湖岸线之后，这些云会在地面降下巨量的雪。伊利湖和纽约州布法罗周围的地区尤其容易因此遭受极端降雪的影响（图 46）。当然，类似效应也可能在其他地方出现，不过湿气和不稳定性的来源变成了海洋而非湖泊。于是，这些事件有时会被叫作“海洋效应降雪”或“海湾效应降雪”。当极寒气流跨过北海，给英国东部诸郡带来强降雪时，这种效应有时就会出现。

冰暴和雨凇

液态雨滴落进一层极冷的空气中时，就可能变成过冷雨滴，在落到地面之前一直保持液态，一接触地面，就马上冻结成一层透明的冰。这种现象的术语是雨凇，但更常见的说法是“黑冰”。雨凇会让路面变得非常危险，对交通产生影响，除此之外，堆积在物体上的冰的重量可能会对树木以及架空的电力线和通信线路造成大面积破坏。虽

图 46. 湖泊效应降雪在伊利湖南岸下得尤其厚

然雨凇一般都局限在地面上相对较小的区域，但偶尔伴随主要的低压系统到来的降水也可能会影响到广大的乡野地区。1998 年 1 月侵袭加拿大和新英格兰地区的“冰暴”就是这种情况，这场冰暴对树木和电力线造成了巨大的破坏，导致电力供应大面积中断，并持续数周之久。

第九章

全球效应和天气预报

出于预报目的观测天气是一项全球性的事业。世界上每一个国家都有国家级机构在进行例行观测。这些观测及其播报是由国际协议和总部设在日内瓦的联合国专门机构世界气象组织（WMO）负责的。全部的气象数据，无论是从哪里获得的，对所有参与国来说都可以自由获取，而这整个系统就叫作世界天气监测网（WWW）。这个网络主要包含三个要素：全球观测系统，确保观测是以标准形式进行并报告的；全球数据处理系统，有一套标准程序来接收、处理、储存和检索全球任何地方观测到的所有气象数据；以及全球电信系统，是覆盖全球任何地方的物理通信网络。全球电信系统每天不分昼夜地以每小时大约10,000份的速度向世界各地传输观测数据。

现在，很多观测数据都是通过自动气象站（AWS）获得的，因此可以得到基本连续的数据。但是，WMO 规定，某些重要的观测要在所有地方于固定时间同时进行。这些观测进行的时间始终是用协调世界时（UTC）给出的，对应格林尼治子午线上的时间，也无须顾及夏令时这种民用时的变化。UTC 本身是通过对保存在世界各地各种标准实验室里的一些高度精确的原子钟进行相互比较得到的。以格林尼治子午线为中心的时区被命名为“祖鲁”，缩写为 Z，比如对气象观测，常见的做法是要记录成“00:00 Z”。WMO 规定了气象观测的两个关键时间，即 00:00 Z 和 12:00 Z，不过很多气象站也会在一天当中的其他时间作出观测，甚至每小时都会观测。

除了通过陆基站、海上的船只、飞行中的飞机以及气象卫星获得观测资料，还可以通过无线电探空仪获取观测资料。无线电探空仪就是装在气球上的一组仪器，被气球带着穿过大气层。它不仅可以在升空过程中收集关于温度、湿度和气压的信息，在某些情况下还可以监测臭氧或辐射浓度。通过追踪无线电探空仪的轨迹，可以得出大气中不同高度的风向和风速，现在一般是利用全球定位系统

（GPS）数据进行追踪。在全球范围内，释放无线电探空仪也是在 WMO 规定的特定时间进行的，一般每天两次，以确保与不同站点获得的其他观测数据兼容。

自动气象站现在都设在几乎无法到达或易受极端天气影响的地方，比如南极洲或高山之巅的站点，或是固定在海洋中的气象浮标。还有数百个自由漂浮的浮标在世界的各大洋上漂流，其中有些很精密，在预定的时间定期下沉到某些特定的深度，获取如温度和盐度这样的数据。这样的浮标会回到海面传送它们的数据和位置，然后重新下沉到海洋中。这些远程自动系统中有很多都通过向中继卫星传送数据来返回自己的数据，中继卫星再在陆基接收站点的接收范围内重新传送数据。

近几十年，人们清楚地认识到，世界上一个地方的天气事件可能会对远方地区经历的天气有深远影响。这种重要的远距离关联最初是由吉尔伯特·沃克爵士证实的。他在研究印度季风时认识到，印度洋和太平洋上相隔甚远的地方的气压之间有相关性。如果塔希提岛的气压上升，澳大利亚北部达尔文市的气压就会下降。太平洋中部和印度洋上的气压之间的振荡现在叫作南方涛动；而由塔希提岛上空的海平面气压减去达尔文市上空的气压得出的南方涛动状态叫作南方涛动指数。

沃克也证实了印度和爪哇的降雨量与太平洋上的气压之间的联系，并证实了在热带地区沿纬线存在大规模的纬向环流。这些纬向环流现在叫作沃克环流圈，整个运动则被称为沃克环流。各种各样的大气条件之间的长距离关系现在一般叫作“遥相关”。

遥相关

最著名的（或者应该说是“臭名昭著的”？）遥相关是厄尔尼诺，指的是影响太平洋东部热带地区的一种特殊遥相关的“暖”期；现在我们知道，厄尔尼诺属于一个更大的振荡，即厄尔尼诺–南方涛动（ENSO）。正常情况下，在太平洋东部（靠近南美洲）上空有一个高压系统，那里寒冷的大洋水形成强劲的上升流。有一个低压系统位于印度尼西亚上空，有强烈对流和高的海面水温。沃克环流的东风相对较大。如果沃克环流减弱，厄尔尼诺期就开始了。印度尼西亚上空的气压增加，对流减弱，温暖的表面海水朝南美洲东移，最终取代了寒冷的上升流。反过来，强劲的沃克环流会形成“冷”（拉尼娜）期，这时太平洋东部的海面水温比往常要低，气压东高西低。正常环流模式的中断并不会局限在热带太平洋，其影响会延伸到全球其他许多地方。强烈的厄尔尼诺事件，比如发生在2015年末的那次极其强烈的事件，最终造成了非洲东部和南部的干旱，加利福尼亚州的暴雨、洪涝和泥石流，也造成了印度尼西亚及周边地区雨季的延迟。人们也认为，这次厄尔尼诺事件是印度洋气旋强度增加的原因之一——2015年末，两个强度空前的气旋袭击了也门，太平洋东部有记录以来的最强飓风“帕特里夏”也在相同时期给墨西哥带来了严重的破坏。

北大西洋涛动

这些效应并非局限在热带地区，这些事件似乎也影响北大西洋和其他地区的风暴。人们越来越认识到这些遥相关的重要性。很明显，还有其他振荡在不同地区产生了天气活动的循环。例如北大西洋涛动（也是吉尔伯特·沃克爵士发现的），最简单的理解方式可能是将其视为一种现象，它因永久性副热带亚速尔高压和半永久性冰岛低压的相对强度的波动而产生。如果南边气压高（北边气压相应低），那么在这个所谓的高指数期，西风增强，低压系统则会经过纬度更高的地区。当指数较低时，西风带减弱，低压系统则会经过更靠南的地区，而且往往会影响地中海，使欧洲南部和非洲北部的降雨量增加。相比之下，北欧国家就会经历寒冷、干燥的冬天。指数较低时，也更容易爆发极冷的北极气团，从而影响美国东北部和加拿大。

北大西洋涛动和北极涛动（AO）密切相关。北极涛动也叫作北半球环状模（NAM），这涉及北极上空的气压以及北极涡旋的强度。在“正相位”（指数为正的时期），北极上空的一团极冷气团在强劲的北极涡旋和中纬度（北纬 45° 左右）高压的伴随下，使低压系统向更北边移动，不仅给大西洋东岸的国家，同时也给阿拉斯加带来了更加潮湿的天气，而北美洲西部和地中海地区则会迎来更干燥的天气。东北信风变得更强了。格陵兰岛、拉布拉多和纽芬兰变得尤为寒冷。

相应地，在“负相位”（指数为负的时期），北极涡旋较弱，伴随着低压系统向更南边移动，影响地中海。东北信风变得更弱，寒冷的北极气团往往能向远处深入欧洲，并在大西洋的另一边深入北美洲中西部和东部沿海地区。

还有更长期的振荡，似乎是作用在十年际时间尺度上的，其中最著名的是大西洋多年代际振荡（AMO），这不应该跟我们刚刚描述过的北大西洋涛动相混淆。北大西洋涛动以大气变化为基础，而 AMO 则不同，是洋流和由此带来的海面水温明显长期的波动。关于这些已经证实的变化的重要性，学界还存在争论。

太平洋十年际振荡

一种颇为类似的振荡影响了北太平洋，叫作太平洋十年际振荡（PDO），其存在证据似乎比 AMO 稍微更有力一点。这两种年代际振荡似乎都是来源不同的几个过程共同作用的结果。PDO 的相位是由太平洋中纬度地区的海面水温定义的。在“正”相位，西部地区的海水温度变得更低，而东部地区变得更高。尤其在北半球冬季，这种变化会带来潮湿的风，影响加拿大西北部和美国，使降雨量增加。在“负”相位，就会出现相反的情形。

人们已经证实，在严重的厄尔尼诺事件与 PDO 的正相位之间有一种特定的关联，这种关联叫作“大气桥”。热带太平洋东部温暖海水上方增强的对流产生了行星波，行星波在半永久性的阿留申低压区上空得到加强，而阿留申低压也会变强烈，使环绕低压中心的风速增大，对北太平洋上空低压系统路径的影响也随之变大。

太阳的影响

太阳活动与极光事件之间的相关性总是特别明显，但是多年以来，也有很多人尝试将地球表面的天气与太阳活动的变化联系起来。这些尝试通常采取的形式是，试图证明天气的各种不同方面（寒冬、极端风暴等）与太阳黑子数量之间的相关性，后者大致以 11 年为周期进行变化。实际上，这一时间段是为期 22 年左右的太阳磁周的一半。但是，可见的太阳黑子只是太阳活动的一个方面，而且所有试图找出天气与太阳黑子数量之间的某些关联的尝试都以失败告终。但我们已经知道，太阳活动与高层大气之间存在关联。当太阳特别活跃时，高层大气实际上会因为受热而膨胀。这对卫星轨道有直接影响，因为卫星遭遇额外的阻力后会加速轨道衰变。太阳辐射的轰击还（尤其）可能会使卫星的电子系统退化。

近年来人们已经证实，太阳活动与北极涡旋的强度之间有真实关联，因此可能也与南极涡旋有关。虽然目前在起作用的确切机制仍有待细究，但强度增加的北极涡旋转而会影响北大西洋涛动。更剧烈的太阳活动似乎伴随着北半球极地涡旋的增强，并形成更强的纬向极地急流。这转而会带来更多、更强的低压系统横扫西欧，随之而来的还有大风和增加的降雨量。如果太阳活动强度降低，极地涡旋减弱，正如我们在第三章讨论过的，急流中就会出现更多南北方向（经向）的波，形成阻塞形势，并将更多的极地气团向南带到中纬度地区，使冬天变得寒冷得多。

太阳活动的一个直接影响与紫外辐射的输出有关。这对臭氧层中臭氧的存在有反面影响。紫外辐射会分解氧分子（O_2），然后使之结合形成臭氧（O_3），不仅如此，太阳辐射（尤其是紫外辐射）在极地的春季重新出现时也会产生化学自由基，其在极地平流层云的冰粒表面的作用是分解所有现有的臭氧，导致臭氧空洞。还有一个未经证实的说法是，在任何特定的时间，太阳活动的波动都可能影响臭氧损耗量。

空间天气

2014 年，英国气象局成立了空间天气中心。这个中心与公认的气象意义上的天气无关，而与太阳活动对各种各样的活动和基础设施的影响有关，尽管太阳活动与刚刚讨论过的“常规”天气之间可能有关联。涉及的具体事件有太阳耀斑、地磁暴和日冕物质抛射（CMEs）。最后这种现象涉及从日冕中抛射出来的大量气体和磁场，如果波及地球磁场，就会造成重大影响。

除了在“太阳的影响”这一小节提到的对卫星轨道衰变的影响之外，太阳活动还可能会对来自全球导航卫星系统（GNSS）和 GPS 的信号的准确性和信号接收造成干扰。此外，严重的地磁暴也可能造成输电网崩溃（已经有过实例）。很久以前人们就已经知道，电离层的变化会导致无线电通信中断。在高空和高纬度地区，太阳辐射增强还会给飞机上的乘客和机组人员带来额外的风险。随着我们越来越依赖复杂的技术，预测这些事件发生的可能性，并采取可行的措施使其影响最小化，已经变得越来越重要。

天气预报

近些年来，较为传统的天气预报形式已经日益精细化。在全球范围内，大部分天气预报的基本编制过程都是通过采用大气数值模型的数值天气预报（NWP）来进行的。天气资料是在很大的区域内（全球范围优先）于同一时间获取的资料，它们和其他资料（比如在不同时间获取的卫星传感器数据）一起输入模型。更适合的情形是，数据是从大气层中的多个高度获取的。英国气象局使用的一种模型目前会计算大气层中 70 个高度的参数。

观测资料不但可以通过固定的地面观测站、远洋轮船和飞机获取，也越来越多地通过卫星获取，包括持续监测地球上特定景象的对地静止卫星和高度低得多、定期覆盖地球表面一条条区域的极轨卫星。卫星利用了所谓的“上层探测”技术和越来越精密的仪表，能提供地球上广大地区的大量参数数据——最先进的传感器甚至能提供地面气压。

接下来是用超级计算机来求解庞大的、相互依赖的方程组，它们描述了一段时间内典型大气中的特定参数（比如气压、气温、湿度、风速和风向）发生的变化。涉及的时间间隔取决于所采用的模型，可能从几小时到几天不等。从初始状态（用来编制分析图表）开始，可以推导出未来可能出现的天气状况，并以此作为预报的基础。

混沌理论中为人所熟知的是，无论在获取观测资料方面还是在预报未来天气方面，不准确之处都在所难免，而初始数据中看起来无关紧要的很小的差异就可能造成最终结果的重大区别。不幸的是，混沌理论已经被公众按照他们所理解的“蝴蝶效应”（见知识窗 6）阐释了。不过在所谓的“集合预报”中，混沌理论本身能起到积极的作用。在这个过程中，预报计算会进行很多次，每次计算都在初始输入数据中引入细微差别，然后检查计算出来的预测结果。如果不同计算得出了相似的结果，就可以认为这个预报基本正确。但是，如果计算结果有很大差异，预测就可能靠不住。因此，这种比较提供了一种方法来确定任何一次具体预报可能的准确度。

知识窗 6　蝴蝶效应

这个词源于气象学家爱德华·洛伦茨（Edward Lorenz）在 1972 年发表的一篇文章的标题，这篇文章首次让混沌理论进入公众视野。文章标题为《可预测性：巴西的一只蝴蝶扇动翅膀，会在得克萨斯州引起一场龙卷吗？》，这个标题不是洛伦茨自己取的，而是他参加的那场会议的主席取的。实际上，这个标题也完全可以是《可预测性：巴西的一只蝴蝶扇动翅膀，会阻止得克萨斯州的一场龙卷吗？》。洛伦茨的核心理念并不是说小的变化会带来大的影响，而是说这个问题基本上无法回答。尤其是天气预报中的错误无法避免，错误的产生不仅仅是因为资料覆盖不充分、初始状态观测中的误差不可避免、基础物理学知识不完整，还因为用于人工或计算机预报的方程总是近似方程。对这个词——其正式名称是“对初始条件的敏感依赖性”——更正确的理解是，它意味着可预测性是有局限的，而不是存在这样的（蝴蝶）效应。

混沌理论是数学的一个领域，研究机械系统或物理系统的行为，这些系统显然很简单，适用人们所熟知的物理定律，天气就是物理系统的一个重要例子。在任何一个这样的系统中，如果运用近似方程进行计算，那么初始条件的微小变化都可能会导致最终结果大有不同。令人遗憾的是，混沌理论在天气中的应用被公众（错误地）理解为“蝴蝶效应”，暗示着小事件会有严重后果。

近年来，“临近预报”被用得越来越多。这是利用当前数据——也就是说，并不一定是在标准的天气观测时间获取的数据——来编制短期预报，一般是在有限区域和有限时间内，通常为六小时。所采用的数据可能包括当前的卫星图像、降雨模式的雷达图像，以及通过射电辐射，即所谓的“雷电干扰”，推测出的闪电出现的位置。这样的预报能描述局地的天气系统，而这些系统通过天气资料是不能很好地确定的。这样的广播预报往往也附带着对当前天气的描述。

现代预报方法精密度的提高无疑也提高了预报的准确度。现在，预报通常能提前至少三天获得，而且研究表明，现代的三天预报，就跟三十年前的提前一天的预报一样准确。更长期的预报现在也能普遍开展了，包括提前三到十天的中期预报以及提前十天以上的长期预报（或“天气展望”）。我们常用集成方法来评估这些较长期预报的可能的准确度。这种较长期的天气预报开始考虑已知的遥相关（比如 ENSO 系统）的可能影响，并评估天气模式的主要变化可能带来的影响，比如，在接下来的季节里会对农业产生什么影响。对不同地区整体气候长期变化的预测将带领我们进入气候学领域，也让我们了解有各种各样的模型可用于预测因气候变化而可能出现的波动。

附录 A

风速的蒲福风级

蒲福风级（用于海上）

最初的蒲福风级适用于海上条件，并依据风对当时的护卫舰的推动效应进行描述。随后，蒲福风级得到了改进，也可用于陆地，并且所有的描述都被处理成了普遍适用的描述。

风力	描述	海况	风速	
			节	米/秒
0	无风	海面如镜	<1	0.0—0.2
1	软风	有波纹，无泡沫	1—3	0.3—1.5
2	轻风	小波，波峰光滑	4—6	1.6—3.3
3	微风	小波较大，部分波峰破裂，有一些白头浪	7—10	3.4—5.4

（续表）

风力	描述	海况	风速	
			节	米 / 秒
4	和风	小浪，白头浪频密	11—16	5.5—7.9
5	清风	中浪，颇长的浪，白头浪甚多，偶有浪花	17—21	8.0—10.7
6	强风	一些大浪，大量带白沫的波峰，偶有浪花	22—27	10.8—13.8
7	疾风	海浪涌起、堆叠，泡沫随风成条吹起	28—33	13.9—17.1
8	大风	很长、很高的大浪，波峰破裂成溅沫，泡沫明显成条吹起	34—40	17.2—20.7
9	烈风	高浪，风中泡沫浓密，波峰卷起翻滚，浪花干扰了能见度	41—47	20.8—24.4
10	狂风	浪非常高，波峰高悬，风吹起的泡沫很浓密；海面呈现白色，翻滚剧烈；能见度低	48—55	24.5—28.4
11	暴风	极高的巨浪能遮掩小型船只，海面覆盖着长片的白沫，波浪被吹成泡沫，能见度低	56—63	28.5—32.6
12	飓风	空中充满泡沫和浪花，能见度极低	≥64	≥32.7

蒲福风级（调整后用于陆地）

风力	描述	陆地情形	风速	
			千米 / 时	米 / 秒
0	无风	轻烟直上	<1	0.0—0.21
1	软风	烟能显示风向，但风向标不转动	1—5	0.3—1.5
2	轻风	风拂面，树叶沙沙响，风向标指出风向	6—11	1.6—3.3
3	微风	树叶及小细枝摇动，小旗展开	12—19	3.4—5.4
4	和风	灰尘和纸张被吹起，小树枝摇动	20—29	5.5—7.9
5	清风	枝叶繁茂的小树整株摇摆，内陆水面有带波峰的小波	30—39	8.0—10.7
6	强风	大树枝摇动，电话线呼呼响，撑伞有困难	40—50	10.8—13.8
7	疾风	整棵树摇动，顶风行走困难	51—61	13.9—17.1
8	大风	细枝断落，行走困难	62—74	17.2—20.7
9	烈风	建筑物有轻微结构损坏；烟囱管帽、瓦片和天线被吹走	75—87	20.8—24.4

（续表）

风力	描述	陆地情形	风速	
			千米 / 时	米 / 秒
10	狂风	树连根拔起，建筑物损坏相当大	88—101	24.5—28.4
11	暴风	各种建筑物普遍损坏	102—117	28.5—32.6
12	飓风	建筑物普遍被摧毁，只有特殊建筑物能幸免	≥118	≥32.7

附录 B

云的主要类型（属）

云的类型	云族（高度）	描述
高积云	中云族	独立的碎云，有阴影
高层云	中云族	没有明显特征的云；太阳或可见，就像透过毛玻璃一样
卷积云	高云族	小的、独立的碎云，无阴影
卷层云	高云族	由薄薄一层冰晶组成，常伴有光学现象
卷云	高云族	由一缕缕冰晶组成，偶尔能稠密到呈现灰色
积雨云	所有高度	高大的对流云，经常产生强降雨、冰雹或闪电
积云	低云族	独立的、“毛茸茸”的云
雨层云	低云族和中云族	低压系统中稠密的降雨云，常常降到地面附近
层积云	低云族	大型的、独立的灰色碎云，其间隙可容阳光穿过或使蓝天可见
层云	低云族	一片连续的、完整的灰云层

附录 C

龙卷和飓风强度级数

描述龙卷强度的藤田级数和改良藤田级数

最初描述龙卷或其他强风的剧烈程度是以观测到的破坏程度为依据的。最大风速是通过分析破坏程度来估算的，因此并不能与确切的测量结果进行直接比较。F5 级龙卷很罕见。

藤田级数（藤田-皮尔森级数）

藤田级数	风速		破坏程度
	英里 / 时	千米 / 时	
F0	≤72	≤116	轻微
F1	73—112	117—180	中等
F2	113—157	181—251	较大

（续表）

藤田级数	风速		破坏程度
	英里 / 时	千米 / 时	
F3	158—207	252—330	严重
F4	208—260	331—417	破坏性大
F5	≥261	≥418	令人难以置信的大灾难

由于原始藤田级数有缺陷，比如未能考虑不同的建筑类型，在没有观测到损坏时也无法对龙卷分级等，因此改良藤田级数于 2007 年 2 月被正式引入。请注意，该级数仍然以估算风速（而非实测风速）为基础。两种级数都以非公制单位进行表述。

改良藤田级数

改良藤田级数	风速（3 秒阵风）	
	英里 / 时	千米 / 时
EF0	65—85	105—137
EF1	86—110	138—177
EF2	111—135	178—217
EF3	136—165	219—266
EF4	166—200	267—322
EF5	≥200	≥322

表示龙卷强度的 TORRO 级数

英国龙卷和风暴研究组织（TORRO）建立的龙卷强度级数叫作 TORRO 级数，是以风速而不是破坏程度为基础定义的。

TORRO级数

级数	风速		名称
	米 / 秒	千米 / 时	
T0	17—24	61—86	轻微
T1	25—32	90—115	温和
T2	33—41	119—148	中等
T3	42—51	151—184	强烈
T4	52—61	187—220	严重
T5	62—72	223—259	剧烈
T6	73—83	263—299	中等破坏性
T7	84—95	302—342	强烈破坏性
T8	96—107	346—385	严重破坏性
T9	108—120	389—432	剧烈破坏性
T10	＞121	＞436	超级

请注意，级数是用以米 / 秒为单位的风速定义的，而以千米 / 时为单位的风速是直接换算并取整得出的，因此会显得并不连续。

萨菲尔-辛普森飓风等级

最早建立这个飓风等级是为了描述大西洋飓风的潜在严重程度，但后来也用于大西洋、太平洋中部和太平洋东部盆地的所有热带气旋。等级评估是以风速和可能的风暴潮高度这两者为依据给出的。请注意，这个等级实际上是用非公制单位定义的，公制数字是换算得出的。

萨菲尔-辛普森等级（萨菲尔-辛普森潜在破坏等级）

风级	中心气压		风速		风暴潮	
	英寸汞柱	百帕	英里 / 时	千米 / 时	英尺	米
1 较弱	>28.94	>980	74—95	104—133	4—5	1.2—1.5
2 中等	28.50—28.91	965—979	96—110	134—154	6—8	1.8—2.5
3 强烈	27.91—28.47	945—964	111—130	155—182	9—12	2.8—3.7
4 非常强烈	27.17—27.88	920—944	131—155	183—217	13—18	4.0—5.5
5 破坏性大	<27.17	<920	>155	>217	>18	>5.5

百科通识文库书目

历史系列：

美国简史
探秘古埃及
古代战争简史
罗马帝国简史
揭秘北欧海盗
日不落帝国兴衰史——盎克鲁-撒克逊时期
日不落帝国兴衰史——中世纪英国
日不落帝国兴衰史——18 世纪英国
日不落帝国兴衰史——19 世纪英国
日不落帝国兴衰史——20 世纪英国

艺术文化系列：

建筑与文化
走近艺术史
走近当代艺术
走近现代艺术
走近世界音乐
神话密钥
埃及神话
文艺复兴简史
文艺复兴时期的艺术
解码畅销小说

自然科学与心理学系列：

破解意识之谜
密码术的奥秘
恐龙探秘
情感密码
全球灾变与世界末日
简析荣格
人类进化简史
认识宇宙学
达尔文与进化论
梦的新解
弗洛伊德与精神分析
时间简史
浅论精神病学
走出黑暗——人类史前史探秘

政治、哲学与宗教系列：

动物权利
释迦牟尼：从王子到佛陀
死海古卷概说
存在主义简论
《旧约》入门
解读柏拉图
读懂莎士比亚
世界贸易组织概览
《圣经》纵览
解读欧陆哲学
欧盟概览
女权主义简史
《新约》入门
解读后现代主义
解读苏格拉底